Emilio Galli Zugaro
Jannike Stöhr
Ich bin so frei

EMILIO GALLI ZUGARO
JANNIKE STÖHR

ICH BIN SO FREI

RAUS AUS DEM HAMSTERRAD –
REIN IN DEN RICHTIGEN JOB

UNTER MITARBEIT VON
CLAUDIA STRASSER

Bibliografische Information der Deutschen Bibliothek

Die Deutsche Bibliothek verzeichnet diese Publikation in der
Deutschen Nationalbibliografie; detaillierte bibliografische Daten sind
im Internet unter http://dnb.ddb.de abrufbar.

MIX
Papier aus verantwor-
tungsvollen Quellen
FSC® C083411

Verlagsgruppe Random House FSC® N001967

© 2018 Ariston Verlag in der Verlagsgruppe Random House GmbH,
Neumarkter Straße 28, 81673 München
Alle Rechte vorbehalten

Redaktion: Evelyn Boos-Körner
Umschlaggestaltung: Walter Schönauer, Berlin
Satz: Satzwerk Huber, Germering

Druck und Bindung: CPI books GmbH, Leck
Printed in Germany

ISBN: 978-3-424-20187-1

Inhalt

Kapitel 1
Wie alles begann
(Emilio)

Ein milder Morgen im September in München. Ich bringe meinen Fünfjährigen in den Kindergarten und treffe Martin, den Vater vom kleinen Moritz, den er lässig auf den Schultern trägt und der noch nicht richtig wach ist. Martin ist vorgestern aus dem Urlaub in Südfrankreich zurückgekommen und schwärmt vom Essen und der Sonne. Und fügt, ganz unvermittelt, hinzu: »Wir sind erst zwei Tage aus dem Urlaub zurück, und ich bin schon wieder im Hamsterrad. Das geht so nicht weiter.« Martin ist Banker, Vorstand einer angesehenen Lokalbank. Seine Frau ist eine erfolgreiche Wirtschaftsprüferin, der kleine Moritz hat aus dem Genpool eine Menge Grips mitbekommen. Und ein cooles Kinderzimmer in einer wunderschönen Münchener Wohnung. Seine Eltern haben zwei Autos, deren Marken (BMW und Audi) Moritz natürlich kennt. Er ist auch das Fliegen gewohnt, denn seit seiner Geburt fliegt er mit seinen Eltern in nahe und ferne Urlaubsländer. Diesen Bilderbuchvater, der aus dem Werbespot eines Vermögensverwalters entsprungen scheint, treiben Ausstiegsgedanken um? »Hast du denn deine Schäfchen schon im Trockenen?«, frage ich, wissend, dass auch die wohlhabenderen Münchener sich über beide Ohren verschulden, um sich eine Wohnung zu kaufen. Die Immobilienpreise in der bayerischen Landeshauptstadt haben immerhin ein Niveau, das mit dem in New York oder London vergleichbar ist. Kann er sich einen Ausstieg leisten? »Egal«, sagt er. »Ich kann mich zwar nicht zur Ruhe setzen, aber ich *muss* etwas anderes machen. Geld ist nicht alles.« Sagt ein Banker!

Sein Thema ist also das Umsteigen, nicht das Aussteigen.

Als ich nach Hause komme, frage ich meine Frau, ob irgendetwas auf meine Stirn tätowiert sei. Sie schaut mich perplex an. Es ist nämlich so, dass ich seit knapp zwei Jahren immer wieder solche Szenen erlebe. Ob es der alte Schulfreund in Mailand ist, ein erfolgreicher Headhunter. Oder unsere Haushaltshilfe in Umbrien. Oder meine Freunde und Bekannten in London, Frankfurt und Berlin. Nicht zu schweigen von meinen Coaching-Kunden. Ich muss etwas auf meiner Stirn tätowiert haben, denn warum sonst würden mich die Leute andauernd auf dieses Thema ansprechen? So etwas wie: »Bist du im Job unglücklich? Sprich mich an!« Oder liegt es vielleicht daran, dass ich vor zwei Jahren selbst umgestiegen bin und alle diese Menschen mir ansehen, wie gut es mir damit geht? Das ist wohl eher der Fall.

Bei einem der schönen Treffen mit Jannike Stöhr, deren Erfolg als Autorin des Buches »Das Traumjobexperiment – 30 Jobs in einem Jahr« ich verfolgt hatte, erzählte sie von ähnlichen Erlebnissen.

Aha, also nicht nur Babyboomer und Europäer der »Generation Golf«, so wie ich sie aus meinem beruflichen und privaten Umfeld kenne, stellen sich die Frage nach der Sinnhaftigkeit des eigenen beruflichen Alltags. Auch Millennials aus China oder Brüssel oder wie Jannike aus Berlin stellen sie sich. Nicht mit dem – immer schon existenten – eskapistischen Wunschtraum, im Lotto zu gewinnen und nach Südspanien zu ziehen, sondern mit der Ernsthaftigkeit, Veränderung anzugehen. Hier und jetzt, in der Wirklichkeit, nicht in den Mittagsträumen im Schatten der Eiche in den Sommerferien.

Oder vielmehr: Immer mehr Leute nehmen diese Träume ernst. Na ja, sie wollen sie ernst nehmen. Aber es ist so schwer.

Das Darlehen ist abzubezahlen. Ich habe jahrelang in Studium und Ausbildung investiert, soll das alles für die Katz gewesen sein? Was wird meine Familie sagen? Und, ungebeichtet und verborgen, aber immer präsent: die Angst. Angst vor dem Scheitern eines Berufswechsels. Angst vor dem Ungewissen. Angst vor der Selbstständigkeit. Angst vor Veränderung.

Die Angst ist allgegenwärtig. Beim DAX-30-Chef, der seine Schäfchen schon lange im kuscheligen Stall weiß, genauso wie beim Oberarzt oder bei Martin, dem Banker in der Münchener Privatbank. Alles Menschen, die keine wirtschaftlichen Katastrophen zu befürchten haben, wenn sie bereit sind, sich ein bisschen einzuschränken.

Aber Angst hat auch die Referatsleiterin im großen Elektrokonzern, die sich intern bewerben möchte. Wie wird der Chef reagieren? Ist die neue Chefin besser? Werde ich es packen? Wie wird sich mein Leben verändern, wenn ich wechsle?

Jeder hat Angst. Ich, zum Beispiel, habe Höhenangst. Sonst habe ich keine großen Probleme mit Belastbarkeit. Stecken Sie mich in die Kombüse eines Segelbootes bei Windstärke sechs und lassen Sie mich eine Pastasauce kochen, während die Klos ihren Unrat ausspucken. Ich kann einfach nicht seekrank werden, mir wird nicht übel. Aber stellen Sie mich auf einen Stuhl, und ich traue mich kaum hinunterzuschauen. Ich habe eine Höllenangst vor der Höhe. Doch wie oft bin ich von Stühlen oder niedrigen Mauern trotz meiner Höhenangst gesprungen, ohne mich zu verletzen? Jedes Mal. Das habe ich spät begriffen. Erst als ich es ausprobiert habe. Immer wieder habe ich es gemacht. Wohl fühle ich mich immer noch nicht, die Höhenangst ist noch da. Aber ich weiß: Es geht.

Irgendwann im letzten Jahrtausend habe ich einen Vortrag über Vertrauen gehalten. Aus meiner früheren, manchmal barocken Verliebtheit in die Sprache habe ich die Rede mit folgenden zwei Sätzen begonnen: »Vertrauen ist wichtig. Aber sich

11

trauen auch.« Ist immer noch im Internet zu finden. Ehrlich gesagt: Ich habe vor allem das Spiel mit den Worten »Vertrauen« und »sich trauen« gemocht, den Sinn der Aussage hatte ich weniger im Fokus. Mit den Jahren habe ich mir diese Aussage allerdings zu eigen gemacht. Ich habe Dutzende Male gesehen, dass es sich lohnt, sich zu trauen. Dass 80 Zentimeter auch mit Höhenangst nicht zu gigantischen zehn Metern anwachsen.

Man kann wagen. Man sollte wagen. Denn – hier kommt eine »Binse« – wir haben nur ein Leben. Und so wie die Höhe eines Stuhles kein Drama ist, so kann eine Binsenweisheit auch wertvoll und richtig sein. Welche Bilder ziehen vor meinem inneren Auge an mir vorbei, wenn ich auf der Intensivstation von meinem Leben Abschied nehme? Habe ich etwas erreicht? Habe ich geliebt? Wurde ich geliebt? Hatte ich ein glückliches Leben? Habe ich etwas geschaffen, hinterlasse ich etwas? Ja, hat mein Leben einen Sinn ergeben?

Mindestens eine dieser Antworten können wir auf jeden Fall selbst beeinflussen: unser Arbeitsleben. Der Beitrag eines glücklichen und sinnhaften Berufslebens für das Fazit am Ende unserer Reise kann enorm sein. Vor allem, wenn es nicht vom Rest des Lebens isoliert ist, von der Familie, der Liebe, der Freundschaft, der Erkenntnis. Der richtige Job ist immer Ausdruck des Menschen, der wir sind. Im richtigen Job verstellt man sich nicht, man arbeitet, wie man ist, man ist, wie man arbeitet.

»Blablabla. Scharlatan. Heilpraktiker. Schon wieder so ein unnützer Ratgeber für den beruflichen Erfolg von einem Guru für Arme, der mir einreden will, dass ich als Schadensachbearbeiter für die Buchstaben »R« bis »Sch« tatsächlich eine Chance hätte, als Schauspieler in Hollywood zu reüssieren. Der mir dann mit dem üblichen Zeugs daherkommt: Fleiß, Disziplin, Lernen, gute Ausbildung und dir steht die Welt offen. Aha, und was ist mit der Zicke aus der Personalabteilung, deren Onkel im Aufsichtsrat sitzt und die jetzt wieder befördert wurde, obwohl sie von Führung so viel versteht wie vom Dechiffrieren etruskischer Grabinschriften? Und warum werde *ich* nicht befördert?« So könnte mancher Leser jetzt denken.

Das ist kein Buch, das beschreibt, wie man die eigene »Karriere« optimiert oder wie man, mit oder ohne Vitamin B, befördert wird. Das ist ein Buch, das zeigt, wie man ein glücklicheres Erwerbsleben führt. Ob in der gleichen Firma oder durch einen Berufswechsel. Ob durch den Gang in die Selbstständigkeit oder den Aufbau eines Portfolios an unterschiedlichen Tätigkeiten, die am Ende des Monats nicht nur ein Einkommen, sondern viel Genugtuung, Vielfalt und Spaß bringen.

Heute sind die Chancen dafür großartig. Wir wissen viel mehr darüber, was Menschen motiviert, ja sogar, was sie glücklich macht. Wir können heute viel besser und genauer erfahren, welche Stärken wir haben. Wir wissen, wie man effektiv lernt. Die Arbeitswelt verändert sich, fordert unentwegt mehr Flexibilität, und diese Transformation sollte keine Angst machen, man sollte vielmehr die Chancen darin sehen.

Die neue Welt der Arbeit ist ein ideales Gewässer, um auf der Welle der eigenen Stärken zu reiten, anstatt sich stundenlang in der Muckibude einen starken Oberkörper anzutrainieren, um gegen den Strom der Veränderung anzuschwimmen.

Wir, die beiden Autoren, haben diese Erfahrung gemacht, sogar mehrmals. Es geht, wenn man Mitte 50 ist und in den Augen der Allgemeinheit schon auf dem Abstellgleis steht, um Platz für die jungen Kräfte zu machen. Es geht, wenn man Mitte zwanzig ist und sich nicht ins gemachte Bett legt, sondern als Frau in die Welt zieht, um Neues auszuprobieren.

Wie das geht, erzählen wir in diesem Buch.

Wir schaffen den Wandel zum glücklicheren Berufsleben, indem wir bei uns selbst, bei unseren Stärken anfangen. Indem wir Dinge ausprobieren, sie mit den richtigen Leuten besprechen und uns aus- und weiterbilden. Indem wir auf vorhandenes Wissen aus unterschiedlichen Disziplinen zurückgreifen, aus der Neurowissenschaft, der Psychologie, dem Management und der Personalführung. Indem wir unser Leben selbst in die Hand nehmen und gestalten. Das hilft uns sogar, auf Unvorhergesehenes angemessen zu reagieren und eine Chance von einer Fata Morgana zu unterscheiden. Indem wir den gesunden Menschenverstand wiederentdecken. Indem wir aus all dem einen Plan schmieden. Keinen Businessplan. Eine Schatzsuche, ein ernstes und fröhliches, ludisches und professionelles Suchen und Finden. Und zwar nicht ein für alle Mal, sondern so, dass wir uns immer wieder auf eine *neue* Schatzsuche begeben können. Die Kiste mit unseren Talenten entdecken, die uns, einmal geborgen, zu besserer Leistungskraft bringen, Energie geben und Erfüllung bei der Arbeit. Die Juwelen in der Truhe sind die individuelle Übersetzung der drei Pfeiler der Motivation: Exzellenz, Selbstständigkeit und Sinnhaftigkeit. Worin bin ich so gut, dass ich exzellente Arbeit leisten kann? Wie viel Selbstständigkeit brauche ich, um zu reüssieren? Was ist der Sinn dieses Arbeitens? Wenn ich auf alle drei Fragen Antworten finde, habe ich meinen Schatz geborgen.

Letztendlich ist dies nicht nur eine Suche nach einem erfüllteren Arbeitsleben, es ist auch eine Suche nach sich selbst. In diesem Buch beschränken wir uns allerdings nur auf das Berufliche, weil wir uns damit auskennen.

Wer sind wir, die Autoren, eigentlich? Welche Erfahrungen mit dem Umsteigen haben wir? Warum schreiben wir dieses Buch?

Jannike Stöhr arbeitet als Coach rund um Fragen des Berufs und der Karriere, als Unternehmerin, als Bloggerin. 1986 in Emden geboren, hat sie schon den Einstieg und den Umstieg geprobt und erfolgreich gemeistert. Als Referentin bei Volkswagen hat sie in Deutschland und China das Personalhandwerk von der Pike auf gelernt und war schon auf der Aufstiegsrampe im Unternehmen, als sie sich die Frage nach dem Sinn ihres so geschmeidig verlaufenden Berufslebens stellte. Um sich herauszufordern, hat sie in einem Jahr 30 Jobs ausprobiert und darüber ein Buch geschrieben. Die Notwendigkeit, neue Dinge auszuprobieren, um Veränderung erfolgreich zu gestalten, ist eine der wichtigsten Erkenntnisse ihrer Arbeit. Diese Erfahrung überzeugt auch ihre Kunden, die zu ihr kommen, um zu lernen, wie man sich beruflich verändern kann. Viele Fragestellungen sind ähnlich: Wo fange ich an? Woher weiß ich eigentlich, was ich will und was ich kann? Wie stelle ich es konkret an, mich zu verändern? Muss sich mein Chef kümmern oder ist es meine Aufgabe, an meine berufliche Entwicklung zu denken? Die Antworten hat sie jetzt schon – sie ist erst seit 2016 selbstständig – unzählige Male gegeben. Mit diesem Buch will Jannike die von ihr in den letzten Jahren gefundenen Antworten ordnen und sie einem breiten Publikum zugänglich machen, denn leider kann nicht jeder eine ihrer Sitzungen besuchen, in denen sie persönlichen und maßgeschneiderten Rat gibt. Und der Tag hat ja nur 24 Stunden, der gute Tag widmet davon ein gutes Drittel dem Schlaf, und der Rest ist weise in Muße und Geschäftigkeit zu teilen, wie bei den alten Römern, bei denen das Geschäft (Neg-otium) definiert war als Negation der Muße (Otium).

Müßige Gründe führen indes den alten Römer *Emilio Galli Zugaro*, der 1960 in Neapel geboren wurde, zu diesem Buchprojekt. Sein Mathelehrer attestierte ihm schon früh eine ausgeprägte Begabung zur »produktiven Faulheit«. Warum mehr investieren, wenn man auch mit geringem Einsatz ein ausreichendes Ergebnis erzielen kann? Und Faulheit ist Emilios Motiv: Der Großteil der Menschen, die seinen Rat in beruflichen Fragen suchen, sind unzufrieden mit ihrem Job. Und immer wieder muss er dieselben Fragen an seine zahlenden (nur zwei bis drei im Jahr) und nicht zahlenden (Dutzende von) Ratsuchenden stellen. Um Zeit für ein Nickerchen zu erübrigen oder um einen Spaziergang mit dem im Kinderwagen schlummernden Jüngsten im wunderschönen, wohnungsnahen Münchener Südfriedhof zu machen, kann er den Ratsuchenden nun dieses Buch empfehlen. Erstaunt ist er darüber, wie wenig auch hochqualifizierte, begabte, erfolgreiche und intelligente Menschen über die eigenen Grenzen und Talente und das, was sie damit anfangen können, wissen. Beim Blick auf sein eigenes Berufsleben hätte ihm schon vorher ein Licht aufgehen können. Obwohl nur mittelmäßig begabt, ist er viel herumgekommen und hat dabei seine kargen Talente voll ausgeschöpft. In der Politik, als Journalist, als Kommunikationsmanager, als Dozent an der Uni und heute als Executive Coach, Aufsichtsrat und Berater tätig, ist er beruflich schon mehrmals umgestiegen. Und diese Routine kann vielen Menschen zugutekommen. Vor allem, weil sie Freude bringt.

Damit wird bereits klar, dass dies kein Buch für Personalexperten ist. Es ist auch kein Buch für finanziell versorgte Topmanager, die aus dem Hamsterrad aussteigen wollen, um jeden Abend einen Pastis im Sénéquier in Saint-Tropez trinken zu können.

Wer braucht dieses Buch *nicht*? Wenn Sie die nächsten vier Fragen mit »Ja« beantworten, brauchen Sie dieses Buch nicht:

1. Sind Sie rundum glücklich mit Ihrem Job und würden ihn auch machen, wenn Sie weniger verdienen würden?
2. Erlauben die Arbeitsbedingungen Ihnen, wirklich exzellente Arbeit abzuliefern?
3. Arbeiten Sie selbstbestimmt?
4. Erfüllt Ihr Job einen Sinn?

Haben Sie vier Mal mit »Ja« geantwortet?

Gratulation! Sie brauchen dieses Buch nicht, es sei denn, Sie lesen gerne gute Bücher, auch wenn Sie den Inhalt nicht »nutzen« wollen. Jannike und Emilio brauchen es auch nicht. Sie schreiben einfach gerne und haben Freude daran, mit ihren

Ideen und Ratschlägen die Zahl derer zu steigern, die kein solches Buch brauchen. Sollten Sie jedoch eine oder mehrere Fragen mit »Nein« beantwortet haben, finden Sie in diesem Buch vielleicht einen Weg, aus Ihrer persönlichen Zwickmühle auszubrechen. Wir schlagen keine Allheilmittel vor, sondern geben Stimuli zum Nachdenken, Anregungen, Beispiele aus dem wahren Leben. Doch aus diesen Impulsen können nur Sie selbst Ihre eigenen Rückschlüsse ziehen. »It takes two to tango.« Es bedarf nicht nur der Inspiration, sie muss auch in Ihre Realität eingeflochten werden. Sie müssen sie anpassen an Ihr Leben.

Nicht nur, weil ein einfaches Buch nie die Lösung für alle Probleme bieten könnte. Es gibt noch einen viel gewichtigeren Grund, dieses Buch nur als Stimulus zu sehen: Je mehr Sie dieses neue Leben gestalten, es sich zu eigen machen, je mehr Sie unsere Tipps in die für Sie hilfreiche Praxis übersetzen, desto mehr *gehört* Ihnen Ihr neues Leben.

Natürlich freuen wir uns, mit diesem Buch den ein oder anderen Anstoß zu geben. Schöner ist es jedoch, wenn unsere Hinweise und Fingerzeige übersetzt und in Ihr *eigenes* Zukunftsrezept verwandelt werden. Denn das ist für Ihre Erfüllung mindestens genauso wichtig wie das tatsächliche Ausüben einer neuen Tätigkeit. Es wird zu *Ihrem* neuen Leben.

Ein erfüllteres Berufsleben zu führen ist im Interesse eines jeden, der arbeiten muss. Und jeder kann es schaffen.

Bevor wir gleich richtig einsteigen, will ich abschließend noch von einem meiner wohl schwersten Personalgespräche berichten. Es ging um die äußerst dürftige Performance von Teresa, unserer Haushaltshilfe in unserem Haus in Umbrien. Die schlechteste ihrer Branche in unserem Sonnensystem und wahrscheinlich auch über die Milchstraße hinaus. Wenn wir uns von unserem Haus nach einem sonnigen Sommer in Umbrien Richtung Deutschland und Oktoberfest verabschieden, hinterlassen wir unser Haus stets sauber und ordentlich. Wenn wir im Spätherbst wiederkommen, ist Teresa vier oder fünf Mal zum Putzen und Aufräumen da gewesen. Bezeichnenderweise befand sich das Haus jedoch jedes Mal in einem schlechteren Zustand als bei unserer Abreise. An einem warmen umbrischen Vormittag musste ich ihr eröffnen, dass es so nicht weiterginge. Mehrmals hatte ich sie darauf aufmerksam gemacht, auf die italienische Art, gesichtswahrend und feinfühlig, doch jetzt war eine Grenze erreicht worden. Es ging nicht um das Geld, das umsonst investiert worden war, es ging um meine Faulheit. Ich hatte keine Lust, nach acht Stunden Autofahrt als Erstes den Staubsauger rauszuholen und das Geschirr neu zu spülen. Die Zeit des Adieu, des Addio, war gekommen. Nach meiner Eröffnung fing Teresa an zu weinen. Ich hätte ja keine Ahnung, wie schwer es sei, drei Kinder und einen arbeitslosen Mann zu ernähren, wenn man keine Ausbildung hat. Dann kann man nichts anderes tun als putzen, auch wenn man es nicht kann. Und übrigens auch nicht mag. Ihre Arbeit sei ihr ein Graus, aber die *Provvidenza*, die göttliche Vorsehung hätte ihr eben diese schwere Prüfung auferlegt. Und so weiter im neapolitanischen Pathos, das mir trotz meiner Geburt in der Stadt am Vesuv so fremd ist. Die vielen Tränen, die ihr schluchzend über das zum Boden gerichtete Gesicht strömten, ließen mich natürlich nicht kalt. Faulheit und Barmherzigkeit lieferten sich in meiner Brust einen Zweikampf, bis sich mit einem Mal der Zorn einmischte und die Oberhand gewann.

Es klopfte an der Küchentür, und vor mir standen meine australischen Freunde, die ich zum Mittagessen eingeladen hatte. Vor lauter Heulen und Trösten hatten Teresa und ich die Zeit vergessen, und mein sorgsam ausgetüfteltes Menü war nichts als eine Ansammlung von Zutaten im Kühlschrank und in der Vorratskammer. Ich hatte weder den Tisch gedeckt noch irgendetwas gekocht. Es gab also kein Mittagessen, geschweige denn ein ausgetüfteltes Menü. Ich zischte Teresa zu, dass ich das nun davon hätte, ihrem stundenlangen Geheule zugehört zu haben: Zwei mir sehr wichtige Gäste im Haus und nichts auf dem Tisch!

Da raunte Teresa mir zu: »Setz dich draußen auf die Veranda und mach Small Talk. In 20 Minuten kriegt ihr was zu essen.« Und ohne mir eine Frage nach meinen kulinarischen Plänen zu stellen, scheuchte sie mich aus der Küche. In null Komma nichts zauberte sie ein wunderbares Essen, das viel besser war, als ich es je hätte kochen können. Neapolitaner können einfach himmlisch kochen und Teresa besonders. Hausmannskost würde man das in Deutschland nennen: Pasta mit frischen Tomaten, Büffelmozzarella und Peperoncino. Kalbs-Scaloppine mit Zitrone.

Die Geschichte ist fast zu Ende. Teresa bietet heute wohlhabenden Haushalten ihre Kochkünste an, und Gastgeber, die sie engagieren, lassen bei Einladungen – ganz nebenbei – die Information fallen, dass Teresa kochen wird. Eine Einladung, bei der sie kocht, schlägt nur ein Idiot aus, na ja, vielleicht auch ein Asket, der kein Idiot ist. Und Teresas Geschäfte laufen heute auf Hochtouren.

Alle sind glücklich über die Fügung des Schicksals, denn wie sich herausstellte, ist die Cousine von Teresa eine bombastische Haushaltshilfe. So kommen wir zu einem sauberen Haus und der Clan von Teresa zu zwei Einkommensquellen, die von Teresa und die von Carmela, der Cousine aus Salerno. Die Gastgeber und ihre Gäste kommen in den Genuss von Teresas Kochkünsten und machen sich bei ihren Gästen beliebt, denn schließlich kommt dem Essen in meiner Heimat eine besondere Stellung zu: Gastfreundschaft und Kalorienkonsum gehen fast immer Hand in Hand.

Wäre das eine Fallstudie von McKinsey, könnte man von einer klassischen Win-win-win-Situation sprechen.

Teresas Fall zeigt uns: Jeder kann es schaffen.

Kapitel 2
Das Bauchgefühl – wenn man spürt, dass sich etwas ändern muss
(Jannike)

Sie halten dieses Buch nicht grundlos in den Händen. Sie haben dieses Buch gekauft oder geschenkt bekommen, weil Sie sich beruflich verändern wollen. Oder vielleicht doch lieber nicht? Zumindest haben Sie da so ein Gefühl. Sie sind unzufrieden, irgendetwas ist nicht stimmig in Ihrem Leben. Je nachdem, wie sensibel Sie sind und wie lange Sie Ihr Bauchgefühl schon mit sich herumtragen, spüren Sie es mehr oder weniger. Manchmal verschwindet es, dann ist es auf einmal wieder da.

So erging es auch mir. Nach meiner Ausbildung als Kauffrau für Bürokommunikation, neben der ich berufsbegleitend studierte, begann ich meine berufliche Laufbahn im Personalwesen von Volkswagen als Teamassistentin. Ich wurde gefördert und erhielt interessante Aufgaben. Nach kurzer Zeit im Job meldete sich mein Bauchgefühl zum ersten Mal. Ich konnte es nicht zuordnen, aber spürte, etwas stimmte mich unzufrieden. Die nächste Gehaltsstufe und größere Herausforderungen brachten vorübergehende Genugtuung. Alle ein bis zwei Jahre wechselte ich meinen Job und übernahm anspruchsvollere Aufgaben. Ich ging ins Ausland und arbeitete eine Zeit lang für Volkswagen in Peking. Ich wollte Karriere machen. Doch jedes Mal, wenn ich mir meinen nächsten beruflichen Wunsch erfüllt hatte, kehrte mein Gefühl innerhalb kurzer Zeit wieder zurück.

Ich bekam Zweifel daran, dass »Karriere zu machen« mich dauerhaft zufrieden stimmen würde.

Die Unzufriedenheit wurde zu meinem treuen Begleiter. Vielleicht war es ja gar nicht der Job, der sie auslöste, und die Ursache war in meinem Privatleben zu suchen? Ich begann Sportarten auszuprobieren, Ehrenämter auszuführen, Sprachen zu lernen, einen Garten anzulegen und mich gesund zu ernähren. Ich suchte mein Glück im Konsum und im Reisen, anschließend im Konsum- und Medienverzicht. Je mehr ich suchte, desto unzufriedener wurde ich.

Es bedurfte erst eines besonderen Auslösers, damit ich Nägel mit Köpfen machte und meinem Gefühl in die Ungewissheit folgte. Ich zweifelte mittlerweile stark an mir selbst und meiner Fähigkeit, dankbar zu sein und die Dinge in meinem Leben wertzuschätzen. Als mein Vater mir von seiner Krebsdiagnose und seiner mittelmäßigen Überlebenschance erzählte, änderte sich mein Denken. Zehn Monate zuvor war er selbst in den Ruhestand gegangen und konnte alles tun, was er immer schon einmal tun wollte. Die Freiheit währte nicht lange, denn es folgten Chemotherapie, Operationen und Krankenhausaufenthalte.

Noch immer hatte ich keine Lösung im Kopf, doch ich wusste, wenn ich jetzt nichts täte, würde ich mein Leben lang grübeln und so niemals etwas ändern.

Ich reichte bei meinem Arbeitgeber einen Antrag auf eine mehrjährige Freistellung ein, ohne zu wissen, was ich mit der gewonnenen Zeit anstellen würde. Hatte ich überhaupt schon lange genug gearbeitet, um mir eine Auszeit erlauben zu können? Auch wenn ich das Gefühl hatte, mir die Auszeit noch nicht verdient zu haben, fiel mir ein riesiger Stein vom Herzen, als ich den Freistellungsbescheid schließlich unterschrieben in den Händen hielt. Ich musste einfach raus aus meinem Leben und einen klaren Kopf bekommen. Meinem Gefühl auf den Grund gehen. Zur Not eine Weltreise machen. Oder mich für einen Masterstudiengang einschreiben. Oder als Schaffnerin arbeiten. Oder Tischlerin? Besser noch, als Journalistin! Ich war jung und hatte keine Verpflichtungen, die sich nicht auflösen ließen. Wann, wenn nicht jetzt? Ein paar Monate später startete ich in mein Projekt »30 Jobs in einem Jahr«, zu dem mich die belgische Autorin Laura van Bouchout inspirierte, deren Geschichte ich in einem Ratgeber gelesen hatte. Mit ihrer Idee, ein Jahr lang Jobs zu testen, begeisterte sie mich sofort.

Viele Menschen kennen dieses ungute Bauchgefühl, die Intuition, die einem sagt, dass etwas nicht passt, einen über die Details aber im Unklaren lässt. Was ist Intuition eigentlich? Als Intuition wird diejenige Erkenntnis bezeichnet, die nicht auf einem Denkprozess oder auf Reflexion basiert. Eine plötzliche Eingebung beruht üblicherweise auf Intuition und greift auf uns unbewusstes, aber vorhandenes Wissen zu. Nach Daniel Kahneman[1] kann intuitives Denken auch zu Fehlern führen, wenn Denkfaulheit mit ins Spiel kommt. Wenn es um das eigene Leben geht und um das, was für uns richtig ist, dürfen wir Intuitives aber dennoch als Ratgeber hinzuziehen. Denn bei den uns betreffenden Entscheidungen geht es oftmals nicht um harte Fakten, sondern um Situationen und Optionen, die wir niemals gänzlich bewerten können.

Sie haben da also auch so ein Bauchgefühl, aber zum Handeln verhilft Ihnen das trotzdem nicht? Denn was ist, wenn Ihre Annahmen sich als falsch herausstellen und Sie hinterher schlechtergestellt sind als zurzeit? Wenn Sie solche Gedanken kennen, befinden Sie sich in guter Gesellschaft.

Um meine Unzufriedenheit ernst zu nehmen und mein Leben zu verändern, brauchte ich den Schock, den die lebensbedrohliche Krankheit meines Vaters mit sich brachte. Die Erkenntnis, dass es nur ein Leben gibt, das darüber hinaus auch noch endlich ist, ließ mich nach jahrelangem Grübeln endlich handeln. Während für mich die Krankheit und schließlich der

Tod meines Vaters der Trigger für die Veränderung waren, war es für die Texterin Manuela ein Streit mit ihrem Chef, der das Fass nach Jahren des Frusts im Büro zum Überlaufen brachte. Und so schrie sie schließlich ihrem Chef entgegen, dass sie kündigen würde. Eine Scheidung, der Verlust eines Jobs, die Insolvenz, ein Unfall oder eine Krankheit sind weitere Trigger, die zu einer Veränderung führen können. Veränderung erfordert Mut, und der lässt sich am leichtesten aufbringen, wenn man nichts mehr zu verlieren hat. Hat man dann den ersten Schritt ins Ungewisse getan, stellt man schnell fest, dass alles doch gar nicht so schlimm ist, wie man es sich vorgestellt hatte.

Warum habe ich mich nicht schon eher getraut?, ging es mir oftmals durch den Kopf, nachdem ich mich auf meine Reise außerhalb des Volkswagen-Konzerns begeben hatte. Die Hoffnung auf eine perfekte Lösung, die das Risiko des Umsteigens geringer gemacht hätte, sowie fehlender Mut hielten mich davon ab. Der Gedanke, ich müsse mich nur ein wenig zusammenreißen und dankbarer für das sein, was ich bereits hatte, tat ein Übriges. Wie so viele andere Menschen war ich lieber Verwalter meines Lebens, als es aktiv zu gestalten.

Auch bei Emilio Galli Zugaro gab es einen auslösenden Moment, der ihn zum beruflichen Umsteigen bewog. Jeden Morgen, wenn er vom Joggen wieder nach Hause kam, spielte er ein Spiel gegen sich selbst. Er musste das Zwischengeschoss seines Wohnhauses im Sprint erreicht haben, bevor die Haustür unten ins Schloss fiel. Für den Fall, dass er es nicht schaffte, malte er sich Bestrafungen aus, die ihn im Laufe des Tages treffen würden. Als abergläubischer Neapolitaner sorgte er sich sehr, als er immer öfter noch auf den Stufen die Haustür ins Schloss fallen hörte. Emilios Blutdruck befand sich zu diesem Zeitpunkt bei 220 zu 180. Die Begegnung mit seiner zweiten Frau, die Geburt des gemeinsamen Sohnes Fabio sowie der Zugang zur Meditation taten den Rest und führten erst zu dem Wunsch und schließlich zu der Entscheidung, in ein Leben ohne Kompromisse zu wechseln.

Eine Krise sowie lebensverändernde Ereignisse helfen. Wir wünschen sie aber niemandem. Können also nur Schicksalsschläge oder Zufälle zu einem erfüllten Leben, einer erfüllten Karriere führen? Natürlich nicht. Verschiedene Schritte, die Sie im Laufe dieses Buches kennenlernen werden, helfen dabei, auch ohne Krise vom Denken ins Handeln zu kommen.

Grundsätzlich gilt: Für ein nachhaltiges Umsteigen sollten wir, wie so oft, bei uns selbst anfangen, denn – Selbsterkenntnis ist der erste Schritt zur Besserung. Reflektieren Sie, warum Sie unzufrieden sind. Sich mit negativen Gefühlen auseinanderzusetzen empfinden wir naturgemäß als unangenehm. Möchten Sie Ihr ungutes Gefühl aber loswerden, helfen Ihnen weder Frustkauf noch Gehaltserhöhung. Nicht die Symptome wollen angegangen werden, sondern die Ursache. Und nur, weil man ein Problem oder eine unangenehme Vorahnung ignoriert oder kompensiert, heißt das nicht, dass sie sich auflöst.

Während ich über Jahre an den Symptomen herumdokterte, erkannte ich die Ursache meiner Unzufriedenheit erst, als ich bereits ausgestiegen und kurz davor war, mich unbewusst wieder in das Hamsterrad zu begeben. Bevor ich ausstieg, hatte ich bereits innerhalb von Volkswagen versucht, einen anderen Kurs einzuschlagen – ohne Erfolg. Über drei Ecken bekam ich kurz vor meinem Ausstieg dann doch noch eine Einladung zu einem Vorstellungsgespräch für eine Assistentenstelle bei einem Aufsichtsrat von Volkswagen. Ich nahm die Einladung an, auch wenn der Gesprächstermin in weiter Ferne lag. So eine Chance durfte ich mir nicht entgehen lassen.

Während meines fünften Jobtests war es dann so weit, und ich durfte mich für den Job vorstellen. Mittlerweile war ich gar nicht mehr so sehr von der Option überzeugt, aber ich wollte weder meine Kontakte enttäuschen, über die das Gespräch zustande gekommen war, noch wollte ich mir diese Möglichkeit entgehen lassen. Auch meine Freunde und meine Familie hatten mir geraten, die Chance wahrzunehmen. Bevor ich in das Gespräch ging, beherzigte ich den Tipp von Sozialpsychologin Amy Cuddy,[2] die empfiehlt, sich vor herausfordernden Situationen für zwei Minuten in eine sogenannte Power-Pose zu begeben, eine Pose, die Kraft ausdrückt. Diese zwei Minuten verändern die Zusammensetzung der Hormone in unserem Gehirn, sodass wir selbstsicherer und tatkräftiger werden. Ich schloss mich also für zwei Minuten auf der Damentoilette ein, posierte als Superwoman und betete, dass niemand etwas davon mitbekommen würde. Zwei Stunden später besiegelte ich das Jobangebot, das ich kurz zuvor bekommen hatte, mit einem Handschlag. Ich würde also doch noch Karriere machen!

Dass ich die Karriereleiter aus den falschen Gründen erklimmen wollte, war mir zu diesem Zeitpunkt noch nicht bewusst. Der Wunsch nach einer glänzenden Karriere soll als solches an dieser Stelle nicht in Abrede gestellt werden. Wichtig ist es nur, seine eigenen Antriebe zu kennen und für sich das zugehörige Warum beantworten zu können. Ansonsten läuft man Gefahr, Dingen hinterherzurennen, die einem Glück versprechen, aber niemals geben können. Wahres Glück kommt niemals von außen. Was mich wirklich antrieb, wusste ich zu diesem Zeitpunkt noch nicht, sollte es aber bald lernen.

Die bereits vereinbarten nächsten Jobs meines Traumjobexperiments nahm ich in der darauffolgenden Zeit noch wahr, bevor ich wieder in die Festanstellung übergehen wollte. Kurze Zeit nach der Unterschrift auf meinem Arbeitsvertrag meldete sich mein Körper zu Wort. Er riss mich nachts mit Schwindelattacken aus den Tiefschlafphasen. Die ständigen Kopfschmerzen fielen mir zu dieser Zeit schon gar nicht mehr als etwas Besonderes auf. Ich ließ mich beim Arzt durchchecken in der Hoffnung auf verschreibungspflichtige Medikamente, die dann alles wieder richten würden. Das Ergebnis war ernüchternd: »Es ist alles in Ordnung bei Ihnen, Frau Stöhr. Ihre Werte sind einwandfrei. Aber vielleicht sollten Sie sich einmal eine Pause gönnen«, war das Feedback meines Arztes, mit dem ich weder gerechnet hatte, noch etwas anfangen konnte.

Ich haderte mit mir selbst. Was war das Richtige? Sollte ich die Stelle zumindest antreten und schauen, wie weit ich es brachte? Kneifen lag mir fern, aber mein Körper sendete mir weiter Signale, die ich nicht ignorieren konnte. Ich fasste einen Entschluss. Anstatt den neuen, vielversprechenden Job anzufangen, flog ich nach Irland, mietete mir einen Campingbus und fuhr mutterseelenallein an der irischen Küste entlang. Die Zeit in Irland verbrachte ich ohne Computer, Handy und Internet. Ich verbrachte sie am Meer und in der Natur. In der Stille, nach der ich mich insgeheim gesehnt hatte, die ich aber gleichzeitig kaum ertragen konnte, wurde mir Stück für Stück klar, was der Knackpunkt in meinem Leben war und welchen Mustern ich unbewusst gefolgt war. Meine ganze berufliche Laufbahn hatte ich auf Erfolg ausgelegt und auf die Anerkennung, die ich dafür von anderen bekommen würde. Mit mir selbst hatten meine bisherigen Ziele nur wenig zu tun. Das war die Ursache, die mich über Jahre unzufrieden hat sein lassen. Diese Erkenntnis war für mich so schmerzlich wie notwendig. Ich fühlte mich gescheitert und verloren, wusste aber, dass ich nun – mit klarem Kopf und Zugang zu meiner Intuition – eigene Ziele im Leben definieren und meinen Weg finden konnte.

Bei der Reflexion hilft es, alle Ablenkungen auszuschalten und ehrlich zu sich selbst zu sein. Das kann schmerzhaft sein, wenn man sich eingestehen muss, dass man Wünschen und Träumen gefolgt ist, die nicht die eigenen waren, wie in meinem Fall. Oder wenn man feststellt, dass sich die eigenen Ziele verändert und weiterentwickelt haben. Oder wenn die Rahmenbedingungen nicht mehr passen. Wenn man merkt, dass es Zeit zum Loslassen geworden ist.

Diese Erkenntnisse sind gleichermaßen befreiend, weil sie Licht ins Dunkel bringen und Ihnen eine optimale Basis für einen nachhaltigen Umstieg liefern. Weil sie Sie wieder handlungsfähig machen und feststellen lassen, dass Sie Ihr Leben in die Hand nehmen und aktiv gestalten können.

Also, packen Sie Ihren Koffer und fliegen Sie nach Irland! Spaß beiseite: Auch wenn ich Irland für eine Auszeit empfehlen kann, lässt sich durchaus unkomplizierter innehalten. Einmal aus dem Alltag auszusteigen, sei es für zwei Stunden, vier Tage oder drei Wochen, und alle Ablenkungen auszuschalten, kann Ihnen dabei helfen, herauszufinden, was die Ursache für Ihre Unzufriedenheit ist. Meditation kann ebenfalls ein Weg sein, wieder Zugang zu seiner Intuition zu finden und einen klaren Kopf zu bekommen. Ist Ihnen das zu spirituell, können Sie zum Beispiel ein Tagebuch führen, in dem Sie die Situationen notieren, in denen das Gefühl besonders ausgeprägt ist. Wenn Sie jemanden kennen, der in sich zu ruhen scheint, können Sie auch mit ihm über Ihre Fragen philosophieren und sich selbst durch neue Perspektiven hinterfragen. Was sind Ihre wahren Antriebe und Träume? Das herauszufinden wird ein wenig Zeit kosten, aber je achtsamer Sie sind, desto klarer wird es werden.

Wenn Ihnen Ihr Arbeitgeber mit einer Kündigung die Entscheidung abnimmt, ist das wohl eine der schwierigsten aller Ausgangssituationen für einen Wechsel. Die Tatsache, dass ein anderer in unserem Leben am Steuerrad sitzt, wirft uns psychologisch zurück und erschwert es, den Wandel als Chance zu begreifen. Wer hört schon gern auf dem Weg zum Arbeitsamt, dass die Kündigung eine Chance ist? Auch wenn in diesem Spruch natürlich viel Wahrheit steckt. Am besten ist, früh genug zu erkennen, wann die Zeit für einen Wechsel gekommen ist. So kann man Entscheidungen treffen und bedachte Schritte einleiten, bevor der

Arbeitgeber auf diese Idee kommt. Nicht immer lassen sich alle Anzeichen richtig interpretieren. Sollten Sie sich also in der Situation eines gekündigten Arbeitnehmers befinden, kann Ihnen das Buch für Ihren weiteren Weg auch als Wegweiser dienen.

Erschwerend hinzu kommen hier psychologische Folgen, die eine Kündigung in der Regel hat. Menschen, deren Arbeitsverhältnis gegen ihren Willen beendet wird, verspüren in der Folge Wut, Trauer oder starke Selbstzweifel.

Die oben beschriebenen Werkzeuge können Ihnen auch in dieser Situation von Nutzen sein. Lassen Sie Ihre Gefühle zu und beobachten Sie sich dabei. Sobald Ihnen bewusst wird, was in Ihnen vorgeht, wird die Situation leichter. Nehmen Sie sich eine Auszeit, in der Sie Ihre Kräfte für die bevorstehende Veränderung sammeln können. Am Ende wird alles gut werden. Weitere Hinweise zum Thema Kündigung finden Sie in Kapitel 9.

Selbsterkenntnis ist der erste Schritt zur Besserung, sagt ein fernöstliches Sprichwort. Und genau an dieser Stelle stehen Sie.

Sie haben das »seltsame Gefühl« in sich ausgemacht, das Ihnen sagt, mit Ihrem Berufsleben stimmt etwas nicht.

Sie entscheiden, Sie wollen etwas verändern, und begeben sich auf die Suche nach einer neuen Arbeitsidentität.

Der erste Schritt ist damit gemacht.

Der zweite ist, sich seiner Stärken bewusst zu werden.

Aufgabe

Machen Sie sich Gedanken, bei dem Erreichen welcher Ziele Sie sich Glück versprochen hatten und wie lange es gehalten hat. Welche Ziele, von denen Sie sich Glück versprachen, waren eine Illusion? Bei der Erreichung welcher Ziele wurden Ihre Erwartungen erfüllt?

Kapitel 3
Die Bestandsaufnahme – die eigenen Stärken erkennen und Flow erleben
(Emilio)

Kann jeder den für ihn »richtigen« Beruf finden oder ist das eine Illusion? Ist das nicht eher ein Privileg von Akademikern? Wenn ich nun das Gefühl habe, ich will mich verändern, muss ich ein entsprechendes Studium absolvieren?

Diese Fragen sind typisch für Coaching-Gespräche in Deutschland, weniger in England. In England fragt man eher nach den Marktchancen, nach der Konkurrenz, man schaut auf die, die es geschafft haben, die Vorbilder.

Eine eher zufällige herbstliche Begegnung warf Licht auf diese, wie mir schien, so deutsche Besonderheit, den Fokus auf den Aufstieg (nur) durch ein Universitätsstudium.

Manchmal sollten Menschen doch einfach die Klappe halten. Manchmal führt die Bemerkung eines Gesprächsteilnehmers zu Tiraden, nachgerade Schmähreden, die man in der Rhetorik Invektiven nennt. Anders als bei Cicero oder Sallust haben sie nicht die Res Publica zum Gegenstand, sondern Verantwortliche von Berufsgruppen, oft schlechte Führungskräfte und deren Verschwendung der Talente ihrer Mitarbeiter. Kennen Sie diese Unterhaltungen? Dann sind die Ärzte alle gierig und sowieso Numerus-Clausus-Produkte, deren Eignung zur Medizin sich sicher nicht aus deren Sport- und Kunstnoten herauslesen lässt.

Diesmal hatte Hans mal wieder seinen Gefühlen nachgegeben und als Erster auf eine Frage eines Freundes geantwortet, die an mehrere von uns gerichtet war. Wir waren mit unseren beiden kleinen Buben auf einem bayerischen Bauernhof, in Gesellschaft vieler Spielkameraden aus dem Kindergarten und deren Eltern. Unter ihnen Niklas, ein Gymnasiallehrer. Wir sprachen über das deutsche Schulsystem. Außer mir saß noch ein anderer Universitätsdozent, eben Hans, eine Unternehmensberaterin und eine griechische IT-Spezialistin auf den Bänken im Freien. Jemand regte an, dass doch jeder mal eine Hypothese für das Unbehagen gegenüber dem Schulwesen formulieren sollte. Insbesondere, warum Eltern in Deutschland – und in Bayern ganz besonders – so viel Druck auf die Grundschüler ausüben, damit sie den Übertritt ins Gymnasium schaffen. Und was das für die Arbeit von Lehrern an den Gymnasien bedeutet. Niklas solle dann, sozusagen als Experte, seine Kommentare zu unseren Annahmen geben.

Hans konnte seine Zunge nicht hüten und wetterte gegen die Mythologisierung des akademischen Abschlusses (den ich übrigens nicht habe). Diese habe dazu geführt, dass nur das Gymnasium seinen Status als Bildungsanstalt gewahrt, ja, seine Bedeutung sogar gesteigert hätte. Als Voraussetzung für das Universitätsstudium, das Allheilmittel für eine gute Beschäftigung und idealerweise einen »sicheren Job«. Damit hätten die Real-, Haupt- und Berufsschulen an Ansehen verloren, und man hat eine der großen Stärken Deutschlands ausgehöhlt, das duale Ausbildungssystem. Ein System, das von der Welt bewundert und sogar vom amerikanischen Präsidenten goutiert wird, der nun nicht gerade dafür bekannt ist, die Deutschen im Allgemeinen und Frau Merkel im Besonderen zu lieben. So bot die Bundeskanzlerin bei ihrem Antrittsbesuch bei Donald Trump mit drei deutschen Vorstandsvorsitzenden (von BMW, Siemens und Schaeffler) ihre Unterstützung an, dieses duale System in die USA zu exportieren und damit den amerikanischen Arbeitnehmern Chancen auf gute Jobs zu verschaffen, bei denen es auf Qualität ankommt.

Das hatte man nun davon, dass man den richtigen Ansatz, jedem – unabhängig von seiner sozialen Herkunft – eine Chance auf eine akademische Ausbildung zu geben, pervertiert hatte, nämlich hin zur Annahme, dass *alle* studieren sollten, um beruflich zu reüssieren.

Ich hielt den Atem an. Hatte Hans, den ich sehr mag, mal wieder übers Ziel hinausgeschossen und sich ein verlegenes Schweigen der Truppe eingehandelt? Etwas Ahnung von wenigem und wenig Ahnung von vielem ist immer gefährlich. Und Niklas, der Gymnasiallehrer, wartete nicht auf andere Beiträge, sondern sagte trocken: »Dem ist nichts hinzuzufügen. Auf Anfrage liefere ich dazu Beispiele aus unzähligen Gesprächen mit Eltern meiner Schüler.« Hans hat also zum Glück nicht die Klappe gehalten …

Sicher wird ein Bildungspolitiker, der sich zufällig in diese Seiten verirrt hat (Willkommen, wir können Sie als kritischen Leser gebrauchen!), den Mund verziehen ob der Grobschlächtigkeit dieser Analyse. Vielleicht spricht er dem Lehrer Niklas auch den großen Durchblick in der Komplexität des Bildungswesens ab.

Aber unleugbar ist, dass das allgemeine Ansehen von Berufen wie Kranken- und Altenpfleger, Erzieher, Müllmann oder Polizist sich nicht in den Gehältern abbildet, welche diese für uns alle so wichtigen Berufsgruppen erhalten. Das sind allesamt Berufe, ohne die unser Leben unsicherer, unangenehmer, in manchen Fällen sogar nicht mehr lebenswert wäre. Dabei wissen wir, dass in den letzten 20 Jahren das Vertrauen der breiten Bevölkerung genau diesen Menschen entgegengebracht wird. Dort, wo früher Unternehmensführer und Banker, Politiker und Starjournalisten waren, an der Spitze der Vertrauenspyramide, stehen heute Feuerwehrleute, Krankenschwestern und Polizisten. Aber die Bezahlung drückt diese Wertschätzung nicht aus. Und so verspricht man sich vom Gymnasium den Zugang zu den besser bezahlten Berufen.

Jetzt können Sie nach guten Büchern über die Bildungspolitik fahnden.[3] Wir wollten mit diesem Beispiel auf etwas anderes hinaus: Dass jeder von uns viele Talente hat, die die Grundlage für ein gelungenes Berufsleben sein können. Doch diese gilt es zu entdecken, zu fördern, ohne zu viel Rücksicht auf Schablonen, wie beispielsweise der Annahme, dass für jeden nur das Universitätsstudium zur beruflichen Erfüllung führt.

Die Vorstellung, ein Hochschulabschluss sei eine Garantie für einen sicheren Job oder gar für die berufliche Erfüllung, ist nichts als eben nur eine Vorstellung, eine Illusion.

Arbeit, Karriere oder Bestimmung?

Martin Seligman, einer der Väter der Positiven Psychologie, teilt die Arbeit in drei Kategorien:

Der *Job*, den man macht, um zu leben. Man muss ihn nicht mögen, er kann einen erschöpfen, demotivieren, aber er erfüllt seinen Zweck, er hilft uns, finanziell über die Runden zu kommen.

Die *Karriere* ist eine Arbeit, die wir engagiert machen, weil wir wissen, dass sie zu einer nächsthöheren Aufgabe führen kann, die wir übernehmen wollen. Diese Art zu arbeiten hat ihre Hochs und Tiefs, man muss Kompromisse machen, man kämpft, aber die Aussicht auf die weiteren Entwicklungsschritte treibt uns an.

Die dritte Kategorie ist die *Bestimmung* oder *Berufung*. Wir arbeiten mit großer Hingabe, deutlich über die geforderte Arbeitszeit hinaus, finden immer wieder nach Wegen, noch besser zu werden, und – wenn wir ehrlich sind – wir würden es auch machen, wenn wir dafür nicht bezahlt würden, vorausgesetzt, wir könnten uns das leisten.

Die Zuordnung von *Berufen* in diese Kategorien wäre grob falsch. Es stimmt nicht, dass bestimmte Berufe, auch die vermeintlich einfachsten, nur Jobs sind und andere nur der Bestimmung folgen.

Und ganz sicher hat die Akademisierung nichts damit zu tun, ob ich in meinem Arbeitsleben eher eine Aneinanderreihung von Jobs habe oder einer Bestimmung folge. Eine Schreinerin, ein Krankenpfleger, eine Putzhilfe können genauso ein erfülltes Arbeitsleben haben wie ein Arzt, ein Anwalt oder ein Manager. Na ja, nicht ganz, die Anwälte nicht, aber das ist eine andere Geschichte.[4]

Denn es kommt nicht auf die Art des Berufes an, sondern ob es gelingt, bei dieser Arbeit die eigene Leistung durch die Nutzung unserer Stärken zu steigern. Ganz verkürzt kann man sagen: Wenn meine Arbeit Anstrengung und den Einsatz besonderer Fähigkeiten von mir verlangt, gibt mir der Erfolg bei dieser Arbeit eine tiefe Befriedigung und Genugtuung.

Holz für meine Bücher

Vor ein paar Jahren hatte ich eine waghalsige Herausforderung zu bewältigen: die Restaurierung eines 450 Jahre alten Hauses in Umbrien, während ich 800 Kilometer von dieser Ruine entfernt einen Hochleistungsjob zu bewältigen hatte, der mir auch am Wochenende oder im Urlaub keine Ruhe ließ. An einem besonders hektischen Tag kam ich aus einer Vorstandssitzung und fand auf meinem Blackberry neben vielen beruflichen E-Mails auch ein halbes Dutzend Nachrichten von meinem Architekten, der dringend um Rückruf bat.

Unser Architekt, Andrea, ist durch nichts aus der Ruhe zu bringen, und ohne ihn hätten wir heute nicht das Haus unserer Träume. Umso mehr beunruhigten mich seine Nachrichten. Auf dem Weg in mein Büro rief ich ihn sofort an: »Was ist?«

Der Schreiner wollte nicht an meiner Bibliothek arbeiten, bevor er nicht einen halben Tag mit mir verbracht hätte. Einen halben Tag? Mitten im Frühjahr, in dem ich die Hauptversammlung vorbereiten, die Erreichung der Halbjahresziele justieren, aufkommende Feuer zertreten muss? Ich wurde in meinem Job gebraucht, ohne mich würde die Welt einstürzen, ich war unentbehrlich! Und da sollte ich mir einen halben Tag plus die Zeit für die Reise nach Umbrien und zurück herausschneiden, weil der Schreiner Zeit mit mir verbringen wollte … Da sollte er sich mal bitte hintanstellen, da gab es ganz andere Kaliber, die meine Zeit haben möchten.

Pustekuchen »anstellen«.

Sollte das Haus tatsächlich bis zum Sommer – unserem langersehnten ersten Sommer im durchsanierten Haus! – bezugsfertig sein, hatte ich jetzt nur eine Wahl. Ganz kleinlaut in meinen Kalender schauen und mir einen Tag Urlaub herausschneiden, um nach Italien zu fahren und eine Audienz beim Schreiner wahrzunehmen.

Das tat ich dann auch, um dafür mit viel mehr als nur einer wunderschönen Bibliothek belohnt zu werden. Denn Gaetano (übrigens ein diplomierter Architekt, der seit Jahren als Schreiner arbeitet) entpuppte sich als ein Mensch, der in seiner Arbeit seine Erfüllung gefunden hat. Er hatte drei Holzproben mitgebracht, nur Hölzer, die in genau dieser Gegend Etruriens seit Jahrhunderten für Bibliotheken verwendet werden. Er bat mich, die Holzstücke zu berühren und an ihnen zu riechen. Dann fragte er mich, was für Bücher ich denn hätte, vorwiegend alte oder eher moderne? Ob ich antike Bücher oder gar Inkunabeln besäße? Ich mochte ihn sofort. Er wollte mit mir reden, um aus meiner Bibliothek ein echtes Meisterwerk zu machen, von dem vor allem *ich*, nicht er, profitieren würde. Er tat es für mich.

Wir fuhren in verschiedene Häuser in der Umgebung, in denen seine Bibliotheken standen, auch in eine öffentliche. Ich musste ihm sagen, welchen Geruch ich denn in meiner Bibliothek haben wolle und welchen nicht.

Ich kürze ab, denn Sie haben verstanden, worum es geht. Dieser Mann machte seinen Job mit Fleiß und Anstrengung, mit unglaublichen Fähigkeiten und einer bewundernswerten Ernsthaftigkeit. Er hat in seinem Job eine Bestimmung verwirklicht. Er machte diese perfekte Arbeit aber nicht nur für mich, da lag ich falsch.

Er machte sie auch für sich. Weil ihn eine exzellent gemachte Arbeit, durch Mühe und Talent erreicht, zusammen mit seiner Selbstständigkeit und seinem Stolz, einen gestressten Manager für einen halben Tag zu sich zu bitten, plus die Sinnhaftigkeit seines Jobs, die für seinen Kunden perfekte Bibliothek zu bauen, motivierten. Er arbeitete im Flow (mehr zum Flow weiter hinten, auf S. 52), was ich auch daran messen konnte, dass er nach unserem Gespräch viel früher als vom Architekten prognostiziert fertig wurde.

Klar genug? Die berufliche Bestimmung kann man in jedem Job erreichen.

An uns ist es, zu entscheiden, ob wir einen Job machen wollen, eine Karriere verfolgen oder unsere berufliche Bestimmung finden wollen.

Dazu müssen wir herausfinden, welche Tätigkeit unserer Bestimmung entspricht, und wissen, *wer* wir sind. Welche Stärken wir haben, welche Talente uns auszeichnen. Das Schwierige an dieser Übung: Sie darf nicht zu viel Zeit fressen. Bedenken Sie: Wenn ein erfolgreiches Umsteigen vier bis fünf Jahre dauert (und das tut es!), sollte so viel Zeit wie möglich in das Tun investiert werden. Erst handeln, dann lernen und wieder ausprobieren und wieder handeln.

Doch brauchen Sie dafür auch eine Reflexion über das, was Sie können. Sie dürfen sich während des ganzen Prozesses des Umsteigens mit Ihren Talenten und möglichen Bestimmungen auseinandersetzen. Ja, Sie müssen dies tun. Aber es darf nicht zum »Showstopper« werden, denn Ihre Zukunft entscheidet sich nicht vor Ihrem PC, sondern inmitten der beruflichen Neuerfindungsversuche, zu denen wir in Kapitel 6 »Die ersten Schritte: ausprobieren, ausprobieren, ausprobieren« kommen. Es hilft, sich früh mit den Stärken und der möglichen Bestimmung auseinanderzusetzen. Deshalb gehen wir an dieser Stelle darauf ein. Aber diese Punkte sollen den ganzen Prozess begleiten. Sie müssen diese Stärken mit möglichen Jobs abgleichen, sich von Vorbildern inspirieren lassen und immer wieder auch akzeptieren, wenn Sie entdecken, dass Sie etwas nicht wollen. Immer gilt die Maxime von Herminia Ibarra: »Doing comes first, knowing second.«[5] Doch erst einmal zu dem, was in Ihnen schlummert.

Bestimmung

Wie finde ich meine Bestimmung? In der Regel ganz einfach: Sie erkennen sie schon, wenn Sie sie erreicht haben.

Wie man sie sucht, ist die spannende Frage.

James Hillman hat sein ganzes Leben diesem Thema gewidmet. Der vor sechs Jahren gestorbene Intellektuelle hat sich jahrelang mit dem »daimon«, beschäftigt, der Seele, dem Engel, dem Begleiter, der die Berufung offenbart.[6] Auf der Suche nach der eigenen Bestimmung kann dem einen oder anderen an der gegenseitigen Befruchtung von Psychologie und Philosophie interessierten Leser ein vertiefter Einstieg in Hillmans Werk helfen.

Darin rät Hillman, einen sorgfältigen Blick auf die Kindheit zu werfen, um diesen Ruf, diese Bestimmung zu erkennen. Die daraus entstehenden »praktischen Implikationen sind rasch dargelegt: (a) den Ruf als zentrale Tatsache des menschlichen Daseins erkennen; (b) das Leben daraufhin auszurichten; (c) die vernünftige Einstellung finden, um zu erkennen, dass Zufälle, auch der Kummer und die natürlichen Schocks […] notwendige Bestandteile des Bildmusters sind und dazu beitragen, es zu erfüllen.«[7]

Diese Einzigartigkeit zeichnet jeden von uns aus. »Obgleich die Psychologie kaum bereit ist, das individuelle Schicksal als Forschungsgegenstand zu betrachten, gibt sie doch zu, dass jeder von uns seine eigene Veranlagung hat, dass jeder von uns auf eindeutige, ja fast störrische Weise ein einzigartiges Individuum ist.«[8]

Momente des »Andersseins« sind die, die es zu suchen gilt.

Die Einzelteile unserer Einzigartigkeit sind nicht (nur) die Stärken und Schwächen, die uns auszeichnen, es ist das Ganze, Einzigartige, das daraus resultiert und uns Individuen ausmacht.

Wir werden hier nicht den optimalen Weg zur Entdeckung der individuellen Bestimmung aufzeigen können. Weil es ihn so nicht gibt, nicht als allgemeingültigen Weg für jeden von uns. Die ehrliche Antwort auf diese Frage nach der Bestimmung wird aus Ihrem Leben kommen, nicht aus einem Buch, daraus, dass Sie Ihrer inneren Stimme zuhören (siehe Kapitel 2), dass Sie Ihre Begabungen kennen und einsetzen und ausprobieren, noch mal ausprobieren, sich Rat einholen und lernen.

Wer sind wir Autoren, dass wir jeden unserer Leser kennen könnten?

Wir können Beispiele aus unserer Praxis geben. Wir können Ihnen einen Weg aufzeigen. Das tun wir mit diesem Buch. Am Ende dieser Reise wird Ihre Bestimmung sein. Sie werden sich ihr nähern können. Sie werden sie erkennen. Sie kennen sie vielleicht schon, sie hat sich in der Regel in den ersten sechs Jahren Ihres Lebens und dann in der Pubertät gezeigt. Es gibt Menschen, die schon früh eine Bestimmung zu erkennen geben, und andere, die sich während ihres Berufslebens neu erfinden und sie dann erst entdecken. Sie müssen nur den Weg finden, sie zu fassen und bestmöglich zu entwickeln, wie in einer Metamorphose von der Raupe zum Schmetterling.

Was ist Motivation?

Dabei kann man auch die Hilfestellung der Motivation benutzen. Diese haben Wissenschaftler in den letzten drei Jahrzehnten »dingfest« gemacht. Ich halte mich da an Daniel Pink[9], der die Motivation auf drei Pfeilern ruhen sieht, der Exzellenz der geleisteten Arbeit, der Selbstständigkeit, diese auszuführen, und der Sinnhaftigkeit des eigenen Tuns.

Das ist schon ein guter Kompass für das Herantasten an Ihre Bestimmung.

Wenn Sie für ein gutes Produkt Ihrer Arbeit fiebern, sich anstrengen, das Beste zu geben, und eine perfekte Arbeit abliefern, sind Sie schon nah dran. Sie suchen nach der Exzellenz in Ihrer Arbeit, nutzen dabei Ihre Stärken, Talente, Fähigkeiten optimal, und wenn Sie die Exzellenz erreichen, haben Sie ein großes Gefühl der Erfüllung.

Wenn Sie dabei Handlungsspielräume haben, die Ihnen Entscheidungen ermöglichen, selbstständiges Arbeiten und Selbstbestimmtheit, dann sind Sie ganz nah an einer Arbeit, die Ihre Bestimmung ist. Sie können so frei wie nur möglich Ihre Arbeit gestalten und die Grenzen, die man Ihnen setzt, sind sehr weit. Dann wird diese Selbstbestimmung Sie besonders anspornen.

Wenn Sie in dieser Arbeit einen tieferen Sinn erkennen, und sei es »nur« eine Bibliothek zu bauen, die über Generationen hinweg die Freude am Lesen beflügelt, dann ist es kein Job, was Sie tun, auch keine Karriere. Dann ist Ihre Arbeit Ihre Bestimmung.

Motivation kann ein sehr hilfreicher Leitfaden sein, um Ihre Versuche, neue Wege zu gehen, zu ordnen, zu prüfen, ob sie das Zeug dazu haben, das für Sie Richtige zu sein. Denken Sie immer daran, wenn Sie einen neuen Job ausprobieren, wenn Sie eine neue Herausforderung annehmen: Inwieweit kommen Exzellenz, Selbstständigkeit und Sinnhaftigkeit zum Tragen? Aus diesen Quellen schöpfen Sie die Antriebskraft für eine motivierte, erfüllte Arbeit, die Anstrengungen erfordert und auf Ihre Stärken setzt, sie hebelt, um diese Motivation zu erreichen.

Immer wieder kehren wir zu den Stärken zurück, den Talenten, der Basis für Ihre Suche, für Ihre Befreiung aus dem Hamsterrad.

Doch in welchem Schuljahr nimmt man die Entdeckung der individuellen Stärken durch? In welcher Klasse widmet sich der Lehrplan der Identifizierung der Stärken einer jeden Schülerin, eines jeden Schülers?

Kein Wunder, dass man, im Berufsleben angekommen, nur auf Berufsberaterbibeln fußende Banalitäten parat hat, wenn man nach den eigenen Stärken und Schwächen gefragt wird. Unser angeblich so »modernes« Erziehungssystem bereitet uns darauf nicht vor.

Wie finde ich meine Stärken?

Woher weiß der Kandidat beim Bewerbungsgespräch eigentlich, welche Stärken und Schwächen ihn auszeichnen? Weil Mama ihm das immer schon gesagt hat? Weil im Handbuch steht, mit »Ungeduld« als Schwäche komme man bei Managern immer gut an? Weil mein Freund mir mal beim Abendessen zugeflüstert hat, dass ich so empathisch bin, weil ich ihm gestern erlaubt habe, den gemeinsamen Kinobesuch abzusagen, damit er ein Fußballspiel gucken konnte?

Es ist schon erstaunlich, wie viel Zeit wir und unser Umfeld in jungen Jahren und später investieren, um zu erraten, welchen Job wir machen wollen und welche Ausbildung wir dafür brauchen. Oder, noch viel häufiger, wie viel Energie wir aufwenden, um zu entscheiden, welche Ausbildung wir machen sollen, um damit eine möglichst breite Palette an Jobmöglichkeiten zu haben, weil wir ja nicht wirklich wissen, was wir mal machen wollen.

Typisch für dieses Vorgehen ist das BWL-Studium. Ich halte Vorlesungen an der Betriebswirtschaftlichen Fakultät der Ludwig-Maximilians-Universität in München, eine der deutschen Elite-Universitäten. Man könnte meinen, die Studenten einer Elite-Universität wüssten, warum sie dort etwas Bestimmtes studieren. Doch unzählige Male haben mir meine Studenten erklärt, dass sie eigentlich nur Betriebswirtschaftslehre studieren, damit sie nachher bessere Chancen auf dem Arbeitsmarkt haben. Ohne einen Schimmer zu haben, was sie eigentlich tatsächlich machen wollen und können. Das versuchen sie im Studium herauszufinden: anhand der Qualität der Dozenten, ihren Stoff zu vermitteln, oder der Fächer, deren erfolgreiches Lernen gute Noten gebracht hat. Aber wer bestimmt dann eigentlich unser Schicksal? Wir selbst oder der Zufall, die aktuellen Moden des Arbeitsmarktes, die Aussicht auf einen vermeintlich sicheren Job?

Es geht darum, das eigene Schicksal in die Hand zu nehmen. Und das beginnt dabei, sich selbst zu kennen. Wichtig dabei ist und immer zu bedenken: Diese Stärken müssen wir »im Einsatz« sehen. Es hilft nichts, monatelang zu analysieren nach dem alten Schema »erst planen, dann implementieren«. Sie müssen ausprobieren und lernen. Wenn man Glück hatte, gab es mal einen Lehrer, eine kluge Tante oder einen weisen Mentor, die einem geholfen haben, zu verstehen, wer man ist, welche Stärken und Schwächen man hat.

Die Eltern müssen vor dem Erzeugen ihrer Kinder keinen Coaching-Kurs absolvieren und sind oft damit überfordert, in ihren Kindern die Talente zu entdecken. Das haben die Großeltern ja auch nicht gekonnt, und man ist irgendwie auch so über die Runden gekommen. Die Rolle der Eltern ist es, die Grundbedürfnisse abzudecken, und das ist oft schon schwer genug.

In diesem Buch geht es aber nicht darum, »über die Runden zu kommen«, sondern darum, uns zu befreien, um ein erfüllteres Arbeitsleben zu haben.

Man stelle also die Zeit, die wir für das Identifizieren eines Studiums mit vermeintlichen Erfolgsaussichten investieren, in Beziehung zu der Zeit, die wir uns nehmen, uns selbst zu (er)kennen.

Wie viel Zeit investieren wir, um zu wissen, welches unsere Stärken sind? Und was für eine Tätigkeit uns erfüllt, weil wir sie gerne und gut machen? Dabei reicht eine gute, fokussierte halbe Stunde vor dem Computer, um einen verständlichen, millionenfach getesteten und wissenschaftlich fundierten Stärketest online zu absolvieren. Einer davon, Via, kostet nicht einmal einen Cent. Die anderen kosten unter 50 Euro.

Die geläufigsten Tests finden Sie im Kasten am Ende dieses Kapitels (S. 55 f.).

Wie setzt man die Stärken ein?

In der Regel dürften Sie nicht allzu sehr überrascht sein von den Ergebnissen Ihres Tests. Die meisten sind es dennoch. Weil sie nun wissen, ob das, was sie als Stärke vermuteten, tatsächlich eine ist. Dabei gibt es immer wieder Überraschungen. Wie bei mir, 2014.

Dazu muss ich etwas ausholen: Ich hatte 2011 entschieden, 2015 mit meinem Job aufzuhören, und wollte mich frühzeitig auf die Zeit danach vorbereiten. Dazu gehörte die Ausbildung zum Executive Coach. Sie beinhaltet eine Kenntnis der Stärketests, und ich machte selbst vier davon, um zu wissen, wovon ich sprach, wenn ich mal mit meinen Klienten über ihre Talente sprechen würde. Ein Test, den ich recht nützlich finde, ist Realise2.[10] Er ermittelt die vier folgenden Kategorien: die Schwächen, die erkannten Stärken, die unerkannten oder ungenutzten Stärken und die gelernten Verhaltensweisen. Ein Ergebnis überraschte mich. Die Eigenschaft »Spotlight«, die Fähigkeit, auf der Bühne zu stehen, erschien bei mir unter »erlerntem Verhalten«. Das sind Tätigkeiten, die uns gut gelingen, die uns aber viel Anstrengung, viel Energie kosten. Mir war bewusst, dass meine Vorträge in der Regel gut aufgenommen wurden und die Feedbacks durch die Reihe gut waren. Was mir nicht so klar war, dass sie mich so viel Energie kosteten.

Das würde in meinem Dasein nach dem Hamsterrad nicht mehr infrage kommen. Da würde ich nur Dinge tun, die mir Spaß machen, weil ich sie gut kann und sie mich keine Überwindung kosten. Um auch mit 60 oder 70 noch produktiv sein zu können.

Das führte dazu, dass ich in meiner Planung für die Zeit nach der Allianz Vorträge und Reden als Aufträge nicht besonders forciert habe. Ich musste zusehen, dass ich mein Geld mit so wenig Vorträgen wie möglich verdienen würde, wenn ich Energie sparen wollte. Als Mittfünfziger mit heute vier Kindern, von denen zwei unter sechs Jahre alt sind, brauche ich Energie für das, was ich liebe, im Privaten wie im Beruf. Um mein neues Leben zu leben, brauchte ich die Fokussierung auf Dinge, die mir gefallen und die ich gut kann, um das beste Ergebnis mit dem niedrigsten Energieverlust zu verbinden. Doch jede Anstrengung in den von mir selbst ausgewählten Tätigkeiten gibt mir große Befriedigung, und ich bin darin gut. Energie richtig einzusetzen ist mein Weg, ein erfüllteres Leben zu führen. Auch weil ich gerne lebe, gerne Zeit mit Freunden und Familie verbringe und dabei ungern erschöpft einschlafe oder besorgt über meinen nächsten Auftrag sinniere.

Ich schied also Ende Oktober bei der Allianz aus und machte mich mit Sack und Pack nach Australien auf, wo wir wunderbare Monate verbrachten. Ich hatte mir vorgenommen, so lange in Australien zu bleiben, bis mein erster Auftrag kommen würde. Den Beginn meiner Mandate als Präsident eines Unternehmens und Berater eines anderen setzte ich auf Februar 2016. Doch für Januar 2016 erreichte mich eine Anfrage nach einer Neujahrsrede vor Industriellen, Politikern und Wirtschaftsexperten im Augsburger Rathaus.

An einem kühlen Januarmorgen landeten wir, aus Sydney kommend, im verschneiten München: Elf Stunden Zeitunterschied und eine lange Flugreise in den Knochen sowie 20 Grad Temperaturgefälle mussten in wenigen Stunden verdaut werden, bevor ich mich im Auto von München nach Augsburg aufmachte. Ich hielt meinen Vortrag, er kam anscheinend gut an, und ich fuhr zurück nach München. Gründe, extrem vorsichtig zu fahren und aufkommende Erschöpfung und Müdigkeit ernst zu nehmen, hatte ich allemal, vor allem nach einem Vortrag, der, wie ich aus dem Stärketest wusste, kräftezehrend war.

Eigentlich musste ich mich auf eine riskante Rückfahrt aus Augsburg einstellen, ein von der Zeitumstellung und Anstrengung müder Mann ist nicht gut für eine deutsche Autobahn. Ich bin allerdings nicht draufgängerisch; dreiundzwanzig Jahre bei einer Versicherung hinterlassen ihre Spuren.

Doch es kam anders. An dem Januarabend 2016 brauchte ich nicht an der Raststätte zu halten oder literweise Kaffee zu trinken. Ich war nicht nur vollkommen fokussiert und hellwach auf der Rückfahrt. Mir ging es auch ausgesprochen gut, ich war energiegeladen wie ein Sportler in den besten Jahren, ja, ich war euphorisch. Ich hatte nach vielen Jahren mein erstes Geld außerhalb des angestellten Managerdaseins verdient, und es fühlte sich wunderbar an. Wie glücklich konnte ich sein, für etwas, was mich so glücklich stimmte, auch noch Geld zu bekommen?

Aber das konnte ja nicht sein! Der von mir absolvierte Stärketest ist wissenschaftlich fundiert und seriös. Was ich in Augsburg erlebte, stand aber im Widerspruch zu meinem Testergebnis: Anders als im Test kostete mich «Spotlight» keine Energie, es *gab* mir Energie.

War der Test doch nicht so seriös und zuverlässig? Oder war da etwas Seltsames passiert?

Ich dachte etwas darüber nach und machte den Test noch mal. Das Ergebnis überraschte mich: »Spotlight« tauchte jetzt auf einmal unter den erkannten Stärken auf, denen, die keine Energie kosten, sondern die Freude und Motivation bringen. Wie konnte das sein?

War einer der Tests falsch? Ich bin doch immer noch die gleiche Person … Ich sprach am nächsten Tag mit Nancy, meiner Supervisorin in meiner Tätigkeit als Executive Coach. Wir hatten schon bald die Lösung: Als ich den Test nämlich 2014 gemacht hatte, steckte ich noch in meinem alten Job, einen börsennotierten, unter stetiger Beobachtung stehenden Weltmarktführer in der Öffentlichkeit zu vertreten. Ein falsches Wort, eine ironische Bemerkung, ein Bonmot zu viel, und es hätte den Aktienkurs beeinflussen, eine Klage auslösen, einen kritischen Zeitungsbericht bewirken können – mit Schaden für meinen Arbeitgeber und mich.

Von meinem Naturell her rede ich aber gerne so, wie mir der Schnabel gewachsen ist: Ich habe Spaß an Hyperbeln und ironischen Verzerrungen, ich benutze gerne gewagte Bilder und flirte grundsätzlich freudig mit meiner Zuhörerschaft, weil ich Menschen mag.

Diese Stärken, diese Eigenschaften konnte ich aber in meinem damaligen Job nicht voll auskosten, ohne dabei meinen Arbeitgeber in die Bredouille zu bringen. Ich musste mir also ein Korsett anlegen, Disziplin zeigen und mir bei manchen Themen und Stilfragen einen Maulkorb auferlegen. *Das* kostete mich Energie, nicht der öffentliche Auftritt an sich.

In Augsburg war ich das erste Mal, nach dreiundzwanzig Jahren im Geschirr eines Weltmarktführers, nicht mehr »die Stimme der Allianz«, sondern einfach nur ich, Emilio. Ich sagte, was ich dachte, wie ich es wollte und interagierte auf leichtfüßige Weise mit meinem Publikum, wie ich es so unbeschwert früher hätte nicht machen können. Das kostete mich keine Energie, im Gegenteil, ich hatte richtig Spaß.

Durch das veränderte berufliche Umfeld konnte ich eine meiner Stärken ausleben und wurde damit auch viel besser. Und zufriedener. Und kann davon auch leben.

So kann jeder mit den gott- und gengegebenen Stärken richtig haushalten und damit einen größeren Wertbeitrag leisten für Arbeitgeber, Kunden und für sich selbst.

Dazu ist es notwendig, dass Sie zuallererst wissen, welche Ihre Stärken sind.

Und jeder von uns hat viele Stärken. Manchmal sind wir und unser Umfeld uns deren bewusst. Manchmal nicht. Das kann daran liegen, dass unser jetziger Beruf diese Stärken nicht beansprucht.

Eine frischgebackene Juristin durchforstet in der Regel in den ersten Berufsjahren in einem stillen Kämmerlein einer Kanzlei rund um die Uhr Fachliteratur, um Gutachten zu erstellen. Dass sie vielleicht ein großes Talent hat, vor Publikum zu präsentieren und schwierige Sachverhalte so zu erklären, dass auch der Laie sie verstehen kann, sind zwei Stärken, die in ihrem jetzigen Job nicht benötigt werden. Die hat sie aber. Und wenn man Stärken anwenden kann, so zieht man in der Regel daraus auch Energie, Befriedigung und Motivation, denn sie erlauben uns, gute Arbeit zu machen. Hier liegt also ein Potenzial brach, das ihre Performance deutlich erhöhen kann. Das könnte für die Kanzlei eine große Chance sein. Diese Frau könnte bald die Kanzlei auf Kongressen und Konferenzen vertreten, damit auf deren Know-how hinweisen und eine der wenigen Möglichkeiten nutzen, mit denen Anwälte werben dürfen.

Oder man stelle sich vor, in der eigenen Familie habe es den charismatischen Onkel Alfons gegeben, steinreich gewordener Hersteller von Sanitäranlagen. Jedes Jahr kam er zu Ihnen nach Hause, brachte Ihrer Mutter einen riesigen Blumenstrauß und Ihrem Vater eine Kiste teurer kubanischer Zigarren mit. Immer wenn Onkel Alfons kam, wurden Sie herausgeputzt und bekamen noch eine letzte Standpauke, wie Sie sich verhalten sollten, was zu tun, was zu unterlassen sei. Dann kommt Onkel Alfons, während Sie mit Ihren vier Jahren auf dem Klavier klimpern. Einfachste Fingerübungen, die Sie ganz leidlich erledigen. Onkel Alfons lacht laut und sagt, für alle hörbar: »Das Kind ist hübsch und wohlerzogen. Aber Musik ist sicherlich nicht seine große Begabung …« Diese Sätze hören Sie und Ihre Eltern. Das Gesagte könnte Sie ein Leben lang verfolgen und einen Beruf als Musiker vereiteln. Dass Onkel Alfons eine Tonleiter nicht von einer Feuerwehrleiter unterscheiden kann, unter der Dusche singt wie eine Truppe alkoholisierter Fußballfans und auch sonst nicht als Melomane bekannt ist, spielt dabei keine Rolle.

Sein Charisma ist so groß, dass er Ihnen und Ihrer Begabung einen Stempel aufgedrückt hat. Auch wenn er sich nur bei Kloschüsseln als wirklicher Experte bezeichnen kann. So schlummern in uns oft Talente, Schätze, die noch nicht oder noch nicht zur Genüge geborgen wurden.

Genauso gelingen uns gewisse Dinge sehr gut, und unser Umfeld erkennt das an. Dass wir sehr ordentlich und zuverlässig sind und gut planen können. Das könnten aber weniger Stärken sein als mühsam erlernte Fähigkeiten, durch Disziplin, Übung und oft auch durch äußere Zwänge antrainierte Fähigkeiten. Diese kosten uns aber oft enorme Energie, und wir sind wie ausgelaugt, nachdem wir sie wieder unter Beweis gestellt haben. Das führt dann oft dazu, dass man zu Hause vor einem Berg an ungewaschener Wäsche und ungespültem Geschirr steht und regelmäßig private Termine verschlampt, alles Schwächen, die man sich beruflich nicht leisten könnte. Aber man ist müde, erschöpft, und man möchte Energie sparen. Diese sogenannten erlernten Fähigkeiten sollte man dosiert einsetzen, dort, wo es unbedingt notwendig ist. Wenn Sie mit dem skizzierten Fähigkeitenprofil also in einer Veranstaltungsagentur arbeiten, könnten Sie deutlich nützlicher für Ihren Arbeitgeber und zufriedener in Ihrem Job sein, wenn Sie an neuen Eventformaten tüfteln und kreative Ideen einbringen, anstatt Events zu planen, für alle Mitarbeiter genaue Einsatzpläne zu entwickeln und diese dann bei der Veranstaltung vor Ort minutiös zu überwachen. Sie wären sonst nach den Veranstaltungen vollkommen erledigt und hätten den Docht Ihrer Lebenskerze von zwei Seiten angezündet. Falls Kreativität und Innovation zu Ihren verborgenen oder nicht genug in Anspruch genommenen Fähigkeiten gehören und Sie Teamarbeit können und mögen.

Was uns im Übrigen auch zeigt, dass man nicht unbedingt den Arbeitgeber wechseln muss, um glücklicher zu sein und dabei auch wertvoller für die Firma. Aber dazu kommen wir noch später.

Warum ist das Erkennen der eigenen Stärken und Talente wichtiger, warum sollte diese Übung *vor* der Entscheidung kommen, was man für eine Ausbildung macht?

Weil es Ihr Leben ist, nicht das Leben der anderen.

Wo steht geschrieben, dass Sie Ingenieur werden, weil Ingenieure am Arbeitsmarkt gesucht werden? Wie gut können Sie als Ingenieur ein Leben lang arbeiten, wenn diese Arbeit Sie enorme Mühen kostet und Sie nicht erfüllt?

Die gute Nachricht ist: Wir leben länger, und somit steigen die Chancen, mehrere Karrieren angehen zu können und sich neu zu erfinden. Der Arbeitsmarkt ermöglicht das auch, fordert es geradezu heraus. Weil sich Berufe rasant ändern. Weil die Halbwertzeit auch der besten Ausbildung allein durch die Beschleunigung der Wissenserweiterung verkürzt und die Frage nach dem Wertbeitrag Ihrer Fähigkeiten immer wieder neu gestellt wird. Weil Sie besser damit fahren, sich auf Ihre Stärken zu besinnen als allein auf externe Faktoren.

Es bedarf des Abgleichs zwischen Angebot und Nachfrage. Eine Berufswahl, die sich alleine auf die Nachfrage stützt, überlässt anderen die Entscheidung über Ihr Leben und kann Sie unglücklich machen.

Wenn Sie also Ihren Beruf aus den falschen Gründen gewählt haben, zum Beispiel um eine Familientradition fortzusetzen oder um einen »sicheren Job« zu haben, weil es hieß, Ihr Beruf sei gefragt, dann können Sie das noch nachjustieren, also verändern.

Das gilt immer, ob Sie am Anfang Ihres Berufsweges sind oder mittendrin.

Doch bevor wir dazu kommen, *wie* Sie Ihre Stärken mit den Möglichkeiten des wirtschaftlichen Umfeldes abgleichen, sei noch ein Wort zum Warum gesagt: Warum ist es so wichtig, die eigenen Stärken zu kennen?

Auf Stärken setzen erhöht Ihre Leistung

Wir wissen heute, dass das Hebeln der Stärken eine bessere Leistung ermöglicht als das Arbeiten an den eigenen Schwächen.

CEB (neuerdings Gartner) ist ein Unternehmen, das die Arbeitswelt auf der Basis von über zehntausend Mitgliedsunternehmen erforscht und die besten Lösungen für betriebswirtschaftliche Herausforderungen erarbeitet. Es hat herausgefunden, dass Führungskräfte, die versuchen, die Schwächen ihrer Mitarbeiter zu reduzieren oder in Stärken zu verwandeln, durchschnittlich etwa 25 Prozent Leistungsverschlechterung bei diesen bewirken. Führungskräfte, die ihre Mitarbeiter über das Hebeln von deren Stärken führen, erzielen durchschnittlich eine Leistungssteigerung von 35 Prozent.

Es gibt also einen durchschnittlichen Leistungsunterschied von 60 Prozent zwischen dem Arbeiten an den eigenen Schwächen und dem Arbeiten an den eigenen Stärken.

Übertrieben gesagt ist es so, als ob Albert Einsteins Vorgesetzter dem Physiker, der bekanntermaßen gerne Zoten erzählte, sich die Haare lang wachsen ließ und auch mal die Zunge herausstreckte, nicht nur einen Kurs in Political Correctness und in gutem Benehmen nach Knigge aufgedrückt, sondern auch noch einen Stylisten zur Seite gestellt hätte, anstatt dessen Genie zu fördern.

Lernen Sie sich also mit Ihren Stärken und Schwächen kennen. Lernen Sie auch, wie Sie mit diesen am besten umgehen. Ein Stärketest erledigt in 20 Minuten das, was im besten Fall Tutoren, Lehrer, Eltern, Leitbilder aus Ihrem Umfeld mit Ihnen in Jahren erarbeiten können. Zugegebenermaßen weniger intensiv als mit dieser traditionellen Methode, die man, so viel Ehrlichkeit muss auch sein, heute noch äußerst selten antrifft, in der Regel nur in sehr wohlhabenden Familien.

Das ist der Vorteil der Fortschritte in der Psychologie und den Neurowissenschaften. Sie belegen etwas, was wir schon seit Jahrhunderten wissen. Aber ohne den wissenschaftlichen Nachweis tun sich viele Menschen schwer, dieses Wissen umzusetzen und zu leben. Die Philosophie hat sich seit Jahrhunderten mit der Bestimmung befasst, dem *daimon* der griechischen Tradition. Jetzt können auch Praktiker, die mit Philosophie wenig anfangen können (schade, eigentlich), wissen, dass in uns Potenziale stecken, die eigene Performance zu verbessern und dadurch ein erfüllteres Berufsleben zu führen.

Auf die Stärken zu setzen lohnt sich. Es ermöglicht bessere Leistungen, und es motiviert Sie mehr.

Flow – der Turbo für Ihre Performance

Es gibt Ausdrücke, die lösen bei mir Alarmsignale aus. »Nachhaltig« zum Beispiel. Ein, übrigens auch für mich und meine Arbeitsweise, sehr wichtiger Begriff. Doch dahinter verstecken sich Hunderte von missbräuchlichen Anwendungen. Wenn Sie heute keine nachhaltigen Produkte und Dienstleistungen anbieten, sind Sie in vielen Kreisen nicht vermittelbar, im schlimmsten Fall ein Klassenfeind. Das fängt bei der Forstwirtschaft an, geht über das fair hergestellte T-Shirt und die nachhaltige Ernährung mit veganen Gummibärchen, und endet erst bei nachhaltigen Landminen. Das war natürlich ein makabrer Scherz.

Aber mich würde es nicht wundern, wenn das als süffisante Bemerkung eines Bösewichts in einem James-Bond-Film zu beabsichtigten Lachern beim Publikum führen sollte. Denn manche Begriffe werden einfach pervertiert, missbraucht und durch falsche und zu häufige Verwendung ausgehöhlt.

Leider hat lange Zeit der Begriff »Flow« für mich zur selben Kategorie von Worten gezählt, die den internen Alarm auslösen. Esoterisch. Alternativ. Hippie. Ich stellte mir entfesselte Menschen in Batikhemden vor, die barfuß im Sand die Sonne anbeten, sich der Brise am Meer hingeben und so »in den Flow kommen«.

Was für ein Idiot ich doch bin! Erst spät, mit über 50, während meiner Ausbildung als Executive Coach bei Meyler Campbell in London, wurde ich mit der wissenschaftlichen Bedeutung des Flows konfrontiert und den Werken von Mihaly Csikszentmihalyi.[11] Die Lektüre seiner Schriften war für mich ein Wechselbad aus Scham und Staunen. Scham über meine oberflächliche Vorverurteilung eines Terminus, dessen wahre Bedeutung ich einfach nicht kannte. Und Staunen darüber, dass ich genau wusste, wovon Csikszentmihalyi spricht. Ich hatte es bis dahin schon Dutzende Male erlebt. Eine Tätigkeit, bei der man die Zeit, den Durst und den Hunger vergisst, bei der man morgens beginnt und beim ersten Aufschauen entdeckt, dass es nachts ist.

Kann Flow leistungssteigernd sein und wenn ja, um wie viel?

Dazu ist im Bereich des Sports und der Kunst einiges erforscht[12] worden, für den betriebswirtschaftlichen Alltag noch recht wenig. Und die zentrale Frage, ob Flow die Leistung steigern kann, ist wahrscheinlich hier und heute am ehrlichsten so zu beantworten, dass Performance und Flow sich gegenseitig bedingen. Wo Flow ist, ist hohe Leistung, wo hohe Leistung erbracht wird, kommt Flow auf.

Im letzten Jahrzehnt hat die Wissenschaft allerdings enorme Fortschritte in der Erforschung des von Csikszentmihalyi entdeckten Flows gemacht. Sogenannte Brain-Imaging-Technologien erlauben mittlerweile das Messen dieses Phänomens.

Flow entsteht durch eine Art Austausch zwischen dem arbeitsintensiven extrinsischen System, dem bewussten Prozessieren von Gedanken und dem schnelleren und effizienteren, unterbewussten intrinsischen System (»transient hypofrontality« – für die Experten).

Wie Bonner Neurowissenschaftler herausgefunden haben, werden bei diesem Prozess Endorphine freigesetzt, Substanzen, die Wohlbehagen verursachen und die Leistung steigern, indem sie Fokus, Erkennen von Mustern und laterales Denken fördern.

Die Neurobiologie setzt nun an, den Code für optimale Leistung zu knacken.[13]

Der Flow gehört dazu.

Sie sind schon viel weiter, wenn Sie uns bisher gefolgt sind. Nachdem Sie das ungute Gefühl im Bauch artikuliert und entschieden haben, Sie wollen etwas verändern (Kapitel 2), verschaffen Sie sich mehr Klarheit über Ihre Bestimmung, Ihre Stärken und darüber, was Ihre Motivation ausmacht.

Jetzt gilt es, all das mit Ihrem jetzigen Beruf und Ihren Vorstellungen eines neuen Arbeitslebens abzugleichen. Und zwar in der Praxis. Sie müssen ausprobieren. Die Zeit des Reality Checks ist gekommen.

Können Sie Ihre Erfüllung in Ihrem jetzigen Beruf finden, indem Sie Ihre Stärken besser einsetzen und Ihre Motivation steigern? Oder ist es ein vollkommen anderes Berufsleben, was Ihnen vorschwebt? Vom Referatsleiter in einer Bank zum Cafébetreiber auf Formentera?

Bei den ersten Schritten aus der alten in die noch unbekannte neue Welt gehen wir oft von unserer Ausbildung aus, von Ihrem jetzigen Beruf. Vielleicht ist es nicht der Beruf, der Ihnen Bauchgrummeln verschafft, sondern die Bedingungen, unter denen Sie ihn ausüben. Falscher Chef, der Ihre Selbstständigkeit einengt und Sie mikromanagt? Mangel an Sinnhaftigkeit Ihres täglichen Rotierens?

Adieu, mein lieber Märtyrer

Es ist jetzt der Moment, die Opferrolle abzulegen. Jetzt gilt es, Ihre Stärken und Schwächen sowie die Qualität Ihrer Interaktion mit Kollegen, Kunden und Vorgesetzten ehrlich zu hinterfragen. Der Wille zur Veränderung erfordert das Ablegen einer Schlangenhaut, nämlich der des Opfers.

Wenn Sie ein unglückliches Arbeitsleben führen, dann ist es die Schuld des schlechten Chefs, des bösen Unternehmens, der inkompetenten Kollegen, des lausigen Produkts, während Sie perfekt performen, alle Ziele übertreffen, keinerlei Fehler machen und sowieso der netteste und hilfsbereiteste Kollege des ganzen Unternehmens sind. Kann es sein, dass da möglicherweise ein Realitätsverlust vorliegt?

Sicher, Sie können sich nicht für das Verhalten anderer verantwortlich fühlen. Aber Sie sollten grundsätzlich konzedieren, dass Sie auch nicht unfehlbar sind. Es mag sicherlich Fälle geben, wo einer von zweien voll und ganz im Recht ist, sich perfekt verhalten hat und feinfühlig genug war, während nur »der andere« schuld ist.

Ich kenne diese Fälle aber aus meiner Berufserfahrung nicht. Und das schließt explizit alle *meine* Entscheidungen und Einschätzungen als Manager ein. Ich habe unzählige Fehlentscheidungen und falsche Einschätzungen abgegeben. Diese Einsicht hilft mir, zu lernen, mich zu verändern und dadurch mehr zu gestalten, idealerweise zusammen mit anderen. Denn dass diese falschen Einschätzungen und Entscheidungen zu keiner Katastrophe für meinen Arbeitgeber und mich geführt haben, hing von meinem Umfeld ab: von professionellen Mitarbeitern, Peers und Vorgesetzten, die meinen Kurs korrigiert haben.

Ich nehme mir mit dem Ablegen der Opferrolle das Alibi, *nichts* zu tun, weil ja die Welt böse ist und alle anderen keine Ahnung haben.

Zum Thema »recht haben« muss ich noch eine Anleihe an einen Autor nehmen, über den man sehr wenig weiß. Er dürfte noch in Kalifornien leben. Sein wichtigstes veröffentlichtes Buch ist auf Englisch nur auf dem Gebrauchtbüchermarkt zu finden. Und das, obwohl es von Juwelen an brutal ehrlicher Weisheit wimmelt.[14] Ich nehme es immer wieder gerne in die Hand. Ja, ich weiß, auch vor ihm haben Philosophen Ähnliches gedacht. Aber Ron Smothermon ist ein Zeitgenosse und weiß um die Verführungen der modernen Gesellschaft, um die Psychoanalyse und die Mediengesellschaft. Deshalb kann ich mit ihm in unserem heutigen gesellschaftlichen Kontext etwas anfangen.

Smothermon schreibt also unter anderem, es gebe nicht Recht und Unrecht im individuellen Verhalten. Das, was man tut, ist, was es ist, weder richtig noch falsch. Fundamental ist es aber, für sein Tun Verantwortung zu übernehmen und die Konsequenzen dieses Handelns für sich und die anderen zu bedenken.

So könnte ich also beispielsweise auch meinen Partner betrügen. Anstatt zu fragen, ob das richtig oder falsch ist – und vielleicht auch wunderbare Gedankenkonstruktionen zu bauen, nach denen dieses Fremdgehen richtig sein mag –, muss ich mir dabei im Klaren sein, was das für mich und meine Welt für Konsequenzen hat, für meine Gefühle, mein Gewissen. Und was bedeutet es für die Person, mit der ich meinen Partner betrüge? Für ihre Gefühle und ihr Umfeld. Und was bedeutet es für meinen Partner? Was bewirkt es bei ihm, ob er es durch mich erfährt oder auf andere Weise? Wenn man Verantwortung übernimmt, die Konsequenzen dabei klar im Blickfeld hat und auch bereit ist, für sie Verantwortung zu übernehmen, dann ist man nicht mehr Opfer, sondern ein freier Mensch.

Klagen und der Wunsch, recht zu haben, helfen also nicht. Abgesehen davon, dass Larmoyanz nervt. Und wie wollen Sie ein neues Leben beginnen, wenn schon am Anfang Ihr Umfeld von Ihnen enerviert ist? Wie wollen Sie die Unterstützung bekommen, die Sie brauchen werden, wenn doch sowieso alle anderen doof sind, nur Sie nicht?

Ärmel hochkrempeln, Gedanken klären, Kopf hoch und ein inneres Lächeln aufsetzen und ja, warum nicht? Auch nach außen hin mehr lächeln. Denn Sie haben allen Grund dazu, Sie wählen den Weg aus dem Hamsterrad, Sie wollen freier sein, ein erfüllteres Arbeitsleben haben.

Stärketests

StrengthsFinder: Donald O. Clifton, Ph. D. (1924 – 2003), der Vater der Stärkenpsychologie, erschuf 1998 mit Tom Rath und einem Team von Wissenschaftlern bei Gallup den Onlinetest StrengthsFinder. Er adressiert zweiunddreißig Aspekte der Persönlichkeit, vom Denker über den Macher bis hin zum Wissenschaftler, einem Menschen, der gerne den Sachen auf den Grund geht. Strengthsfinder erlaubt es, Handlungsoptionen zu entdecken und die Stärken zu hebeln. Man kann den Test online kaufen: https://www.gallupstrengthscenter.com/[15]

Via: Der Charaktertest Via wurde unter Anleitung von Martin Seligman, dem Begründer der Positiven Psychologie, entwickelt. Die Charaktertypen entstammen der Forschung von Seligman und reichen von »Demut« bis zu »Zusammenspiel«, das Sie als starken Teamplayer auszeichnet. Via ist kostenlos und kann online gemacht werden: https://www.viacharacter.org/www/

LIFO: Aufbauend auf den Arbeiten von Erich Fromm, Carl Rogers und Abraham Maslow, fokussiert sich LIFO auf die Fähigkeiten als Führungskräfte, Teams und Individuen. Es identifiziert die grundlegenden Orientierungen am Arbeitsplatz und im Privatleben eines jeden von uns. Ausgehend von dieser Information bietet es effektive Lernansätze für bessere persönliche Produktivität, mehr positiven Einfluss auf Schlüsselpersonen Ihres Umfelds und bessere Teamarbeit. Es wird eingesetzt, um die Selbstwahrnehmung zu schärfen, und es bietet Angebote für die einzelnen Schritte für Ihre persönliche Veränderung. https://lifo.co

Realise2: Dieser Onlinetest identifiziert auch Ihre Stärken und Schwächen und gliedert sie in vier Bereiche, den Realised Strengths (Offensichtliche Stärken), Unrealised Strengths (Unentdeckte oder Ungenutzte Stärken), Weaknesses (Schwächen) und Learned Behaviours (Erlerntes Verhalten). Dieser letzte Bereich ist besonders interessant, wenn man die eigenen Energien effizienter einsetzen möchte, da es Stärken sind, die Sie mit viel Anstrengung erlernt haben. Aber sie kosten Sie Energie und sind nicht mühelos in der Anwendung. Diese Stärken bewusster einzusetzen erlaubt Ihnen, Ihre Kräfte besser einzuteilen und mehr zu leisten. Sie können den Test kaufen unter: https://realise2.cappeu.com/4/login_public.asp

Kapitel 4
Auf dem Weg in die Zukunft –
die Träume, die Fähigkeiten (Reality),
der Plan
(Emilio)

Ich weiß, ich will mich verändern.

Ich weiß nun tatsächlich, wo meine wirklichen Stärken liegen.

Ich habe begriffen, dass es mich näher an eine motivierende Tätigkeit bringt, meine Stärken zu kennen und sie beruflich einzusetzen.

Aber was genau will ich verändern?

Suche ich einen anderen Beruf oder nur eine atmosphärische Veränderung? Wenn das Letztere beabsichtigt ist, kann man dieses Buch getrost weglegen. Von Mercedes zu BMW wechselnde Ingenieure brauchen keine Fibel, ein Blick auf monster. com oder ein Headhunter reichen.

Wer wirklich umsteigt, weiß entweder vorher schon in etwa, was er machen will, oder er hat nur so ein Gefühl, dass es einfach nicht mehr so weitergehen kann. Das sind vollkommen unterschiedliche Ausgangssituationen, und innerhalb dieser gibt es unzählige Varianten. So vielfältig wie die knapp 45 Millionen in Deutschland arbeitenden Menschen.

Wie also nähert man sich am besten diesem neuen Arbeitsleben?

Gleich vorab: Mit diesem Buch an der Seite und vor Ihrem Computer werden Sie nicht das Ziel erreichen, ein erfüllteres Berufsleben zu führen. Es tut mir leid. Ist aber so. Ein besseres Arbeitsleben kann nicht am Reißbrett entstehen. Es nur am Schreibtisch durchanalysieren und planen zu wollen ist, im Gegenteil, der sichere Weg zum Versagen.

Wir haben in der Regel Angst vor Veränderung, und es stellen sich Dutzende von existenziellen Fragen, die wir am besten alle vorab klären möchten, bevor wir den Sprung wagen. Das ist nicht falsch, wir wollen uns in einer Zukunftsentscheidung absichern.

Werde ich in meinem neuen Berufsleben genug verdienen, um meine Hypothek abzubezahlen? Absolut legitime Frage. Wie kann ich sichergehen, dass der neue Job in meiner Firma oder mein neuer Arbeitgeber genau das sind, was ich mir wünsche? Wird mich das neue Berufsleben glücklicher machen oder nicht?

Wenn Sie also verzweifelt nach Fragen suchen, die Ihnen in der Prokrastination Ihrer Entscheidung helfen sollen oder die insgesamt so viele und so schwer zu beantworten sind, dass Sie den Sprung gar nicht erst wagen, kann ich gerne fortfahren. Vielleicht brauchen Sie das, weil Sie in Wirklichkeit nicht Veränderung suchen, sondern gerne unterm Birnenbaum liegen und träumen, einen Refrain summend, dessen Worte irgendwie klingen wie: »Hätte, hätte, Fahrradkette«.

Ich habe schon viele solche Gespräche erlebt.

Erst neulich wieder: Ralf, 20 Jahre im Versicherungsvertrieb. Eine people-person, wie man in Amerika sagen würde. Charmant, angenehm, lustig, man verbringt gerne Zeit mit ihm. Er kennt sich in Altersvorsorgefragen gut aus. Sein Problem: der Job des angestellten Vertriebsberaters geht in der Assekuranz dem Ende zu. Die Versicherungen digitalisieren immer mehr Teile der Wertschöpfungskette. Für Makler und selbstständige oder Mehrfirmenvertreter wird der Job in Zukunft nur mit einer größeren Verzahnung mit digitalen Plattformen auszuführen sein. Der fest angestellte Berater, der nicht oder nur wenig nach Provisionen bezahlt wird, stirbt aus. Ralf sagt, er will umsteigen. Und fragt sich tausend Dinge: Wie kann ich umsteigen, aber weiter ein sicheres Einkommen haben, am besten weiterhin in einer Festanstellung? Wie kann ich meinen Job machen, ohne diesen digitalen Hokuspokus mitzumachen? Wie kann ich ein neues Berufsleben gestalten, aber bitte im Hunsrück, wo ich ein schönes Fachwerkhaus habe?

Und er gibt sich selbst die Antworten: In die digitale Welt eintauchen will er nicht. Selbstständig will er auch nicht sein. Er will einfach, dass er seinen alten Job noch zwanzig Jahre machen kann, bis er in Rente geht. Er will nicht umziehen. Alles nachvollziehbare Wünsche. Dafür braucht Ralf aber nicht dieses Buch zu lesen. Denn Ralf will nicht ein anderes Berufsleben, er will nur, dass alles so bleibt, wie es ist, und dass aus dem Nichts eine Versicherungsfirma auftaucht, die sagt: »Klar, dich nehmen wir, und wir zahlen noch ein Schnäpschen drauf. Und du kannst im Hunsrück bleiben und brauchst dich nicht hinsichtlich der IT weiterentwickeln.« Gäbe es einen solchen Arbeitgeber … hätte ich die guten Connections … gäbe es im Hunsrück einen großen, am besten einen staatlichen Versicherer mit Jobs …

»Hätte, hätte, Fahrradkette«, eben.

In anderen Worten, er will, wie Karl Kraus sagen würde, »hoffnungsvoll in die Vergangenheit schauen« (das sagte der österreichische Satiriker über seine Landsleute, so am Rande bemerkt).

Um das neue Berufsleben zu gestalten, müssen Sie aber sehr viel davon schon ausprobieren, bevor Sie den Sprung wagen. Darüber finden Sie alles im Kapitel 6 »Die ersten Schritte: ausprobieren, ausprobieren, ausprobieren«. Sie werden die Antworten auf Ihre Fragen nicht vor Ihrem PC oder in Ihrem Ohrensessel finden. Sie werden Sie erleben müssen, um die Angst vor dem Wechsel zu überwinden.

Der Trost für Fans von Ohrensesseln und Schreibtischplanung: Auch diese sind notwendig für die Befreiung aus dem Hamsterrad. Wir werden gleich sehen, wie Sie am besten vorgehen.

Bevor Sie sich an den Aktionsplan machen, wie Sie die Zeit am besten nutzen, um Neues auszuprobieren, gilt es allerdings noch etwas zu erledigen: die Abrechnung mit den Träumen.

Beruf: ein Traum oder ein Wunsch?

Haben Sie schon irgendwann einmal gehört, vielleicht gar erlebt, dass ein Vater oder eine Mutter zu ihren Kindern, ob erwachsen oder jugendlich, sagt: »Ach, hätte ich damals das und das studiert, wäre ich jetzt glücklich.« Oder: »Es wäre so schön, wenn du Arzt werden würdest. Ich hätte es so gerne gemacht, aber habe es nicht geschafft ...«

Noch nie passiert? Gut, dann haben wir unterschiedliche Erfahrungen gemacht. Ich habe seit meiner Kindheit unzählige solche Geschichten im Freundeskreis gehört, und ich bin meinen Eltern unendlich dankbar, dass sie uns Kinder nicht mit diesen Erzählungen unter Druck gesetzt haben.

Wir sind uns also hoffentlich einig, dass Sie Ihren Kindern, falls Sie welche haben oder haben werden, nicht onkelhafte Trauergeschichten auftischen wollen, was sie, unsere Kinder, denn alles tun sollten, um unsere Träume zu verwirklichen.

Gut, dann mal ran. An Ihre Träume. Und an Ihre Wünsche. Schön sauber zu trennen.

Denn lassen wir mal kurz die flüchtigen Träume einer kurzen Karnevalssaison im Kindergarten weg, als Sie davon träumten,

Zorro zu werden oder eine Fee. Genau in diesem frühen Alter kommen die ersten Hinweise zur möglichen Bestimmung. Ein Wutanfall, weil man nicht ein Instrument lernen will, sondern singen. Der Drang, das Leben von Puppen und Stofftieren zu organisieren. Später gibt es ein weiteres Fenster der Bestimmung, auf das Sie zurückdenken sollten, im Teenageralter, als Sie meinten, Sie wollten in Afrika Brunnen bauen oder eine Revolution anzetteln gegen Menschen, die Tiere in unwürdigen Zuständen halten.[16]

Besser ist es, uns zu fragen, ob wir mehr als ein paar Wochen lang mal den ernsthaften Wunsch nach einem Beruf hegten, etwas, was uns heute noch ein Strahlen in die Augen bringt, wenn wir daran zurückdenken.

Ich hatte drei große Berufswünsche als Jugendlicher. Ich denke heute noch mit Freude an die verhohlenen Momente, in denen ich versuchte, diese auszuleben.

Schriftsteller … Mein erster Roman war fertig, als ich 25 war, und ist – Gott sei Dank! – nie an einen Verleger gegangen und ist – zum Glück! – nie veröffentlicht worden.

Aber mit welcher Hingabe habe ich auf einem der ersten Apple Macintosh Computer (wunderbares Gerät!) nachts und im Urlaub auf Ponza sowie an den Wochenenden meinen Roman geschrieben!

Journalist … Drei Schülerzeitungen habe ich gegründet und als »Chefredakteur« geleitet. Bahnbrechende Reportagen wie »Wer ist das bestaussehende Mädchen der Schule?«, investigative Hämmer wie »Wo man in Rom das beste Eis essen kann« sind zu der Zeit entstanden. Ich hatte einen Riesenspaß daran, einer meiner ersten Mentees (ich war vierzehn) war der zehnjährige Alex, der mich bat, ihn »einzustellen«. Er empfahl sich mit einer Story über den Automechaniker, der gegenüber von unserer Schule (Deutsche Schule Rom) seine Werkstatt hatte und um den herum Alex eine wirklich lustige Geschichte über das vermeintliche Doppelleben dieses in Wahrheit unschuldig lebenden Mechanikers ersponnen hatte. Alex ist heute ein angesehener TV-Korrespondent mit Sitz in Washington.

Innenarchitekt … Ich bin bis zu meinem 18. Geburtstag zehnmal umgezogen. Fast jedes zweite Jahr kam unser Vater, um uns zu sagen, dass wir umziehen würden. Irgendwann, ich muss so zehn oder elf Jahre alt gewesen sein, begann ich, mir von meinen Eltern die Grundrisse der zukünftigen Wohnung geben zu lassen. Das mir oder mir und meinen Geschwistern zugeteilte Zimmer habe ich dann schon Wochen vor dem Umzug eingerichtet. Ich habe die Kindermöbel im Maßstab gemalt und ausgeschnitten und sie auf dem Grundriss hin und her geschoben, bis sie nicht nur ins Zimmer passten, sondern auch so verteilt waren, dass mir das gefiel.

Was ist aus diesen Hoffnungen geworden? Schriftsteller von Belletristik bin ich zwar nicht geworden, aber das wunderschöne Gefühl, ein paar anständige Bücher geschrieben zu haben (das erste bedeutendere mit meiner Tochter zusammen), möchte ich nicht missen. Vor allem erfülle ich mir heute den langjährigen Traum, fast jede Woche zwei Tage nur zu lesen, alle Bücher, die ich will und zwar von besseren Schriftstellern, als ich es bin. Wunsch verwirklicht.

Journalist bin ich – nach ein paar Anläufen – mit 25 Jahren geworden, als Deutschlandkorrespondent einer italienischen Tageszeitung und dann als Italienkorrespondent für ein deutsches Magazin. Ich habe für Magazine, Tageszeitungen aus Mailand, Rom, Frankfurt und New York geschrieben, ich habe für das Fernsehen und den Rundfunk gearbeitet, Regierungs- und Zentralbankchefs interviewt und viel, viel Freude an dem Beruf gehabt. Wunsch verwirklicht.

Innenarchitekt? Tja, jetzt kommen wir zur Moral von der Geschicht'. Nein, Innenarchitekt konnte ich nicht werden. Ich könnte jetzt heulen und mich selbst bemitleiden. Denn das

Schicksal hat mich ohne mathematische Gene ausgestattet, und ich hätte keine der erforderlichen Algebrascheine im Architekturstudium (meiner Zeit) absolvieren können. Deshalb in Sack und Asche schluchzen? Nein, den Traum habe ich einfach ad acta gelegt. Ja, ich habe immer wieder mal Architekturzeitschriften gekauft, ich lungerte gerne in Einrichtungsläden, Antiquitätengeschäften und Möbelhäusern herum. Ich saß stundenlang in algerischen, marokkanischen, tunesischen, türkischen Teppichgeschäften und trank literweise Tee mit Pinienkernen beim Handeln mit den Händlern. Dort kaufte ich ein paar Dutzend Teppiche in dem Hochgefühl, nebenbei auch ein Geschäft gemacht zu haben (dasselbe Gefühl, das die Teppichhändler auch hatten, Win-win-Situation nennt man das wohl). Ich habe mit viel Liebe all die Wohnungen eingerichtet, die ich – und dann wir mit der Familie – im Laufe unseres Nomadendaseins bezogen haben. Doch mein Meisterstück war unser Haus in Umbrien, ein 450 Jahre altes Bauernhaus, das wir grundsaniert und renoviert haben. Und da habe ich meinen Traum verwirklicht. Meinen Cousin Andrea an der Seite, ein wunderbarer Architekt, konnte ich all das planen, was ich wollte. Ich zeichnete die Räume, die Wände, die Fenster, und Andrea griff beim Entwurf nur ein, wo es unbedingt notwendig war. Monate vor der Fertigstellung des Hauses bin ich jeden Abend mit dem Gedanken an ein anderes Zimmer eingeschlafen, das ich mir im Eindämmern vorgestellt habe, aus verschiedenen Perspektiven, unterschiedlich eingerichtet. Und als der Tag des Umzugs kam, war das Haus mit 15 Zimmern und etlichen Bädern innerhalb von weniger als 24 Stunden fertig eingerichtet. Alle Bilder hingen, alle Lampen waren angeschlossen, alle Kartons ausgepackt. Ich bin erschöpft ins Bett gesackt und bin im meinem Traumhaus aufgewacht. Wunsch verwirklicht.

Manche beruflichen Kindheits- und Jugendwünsche kann man verwirklichen, wenn man die dazu notwendigen Fähigkeiten, Talente und Stärken besitzt. Das war so bei meinem Berufswunsch Journalist. Bei anderen war das Talent nur mäßig ausgebildet, aber ich habe das meiste daraus gemacht; ich bin kein Romanautor, aber Verfasser von Sachbüchern, an denen ich große Freude habe. Bei wiederum anderen fehlte mir ein fundamentaler Baustein, für die Architektur beispielsweise die mathematischen Grundkenntnisse und die Fähigkeit oder Ausdauer oder der richtige Lehrer, um mir diese anzueignen. Aber ich habe herausbekommen, was mich wirklich am Beruf des Innenarchitekten interessierte, nämlich einen Wohnraum zu schaffen, der behaglich, praktisch, elegant ist und mir auch noch erlaubt, die ganzen Erbstücke an Möbeln und Gemälden irgendwo unterzubringen. Ich konnte dieses, wenn auch im kleinen Rahmen, ausleben, auch ohne ein Architekturdiplom. Ich weiß, was zur Arbeit eines Architekten heute alles gehört. Möchte ich wirklich einen ganzen Lebensabschnitt mit Baubehörden in Stadtverwaltungen verbringen, Wohnungseigentümergemeinschaften und faulen, amateurhaften Hausverwaltungen oder, am schlimmsten, mit Bauherren, die ordinäre Bauten von mir wollen? Ich habe mir das herausgepickt, was ich konnte und vermochte, und daraus eine wunderschöne Erfahrung gemacht.

Das lehrt uns auch ein bemerkenswerter Mann, der heute nicht mehr lebt. Randy Pausch, Professor für Informatik an der Carnegie Mellon University.

Anfang 40 erkrankte der Vater von drei kleinen Kindern an Bauchspeicheldrüsenkrebs. Er beschloss, sehr offen mit seiner Krankheit umzugehen, und hielt eine Last Lecture, eine akademische Tradition, die eigentlich emeritierenden Professoren (also diejenigen, die in den Ruhestand gehen) vorbehalten ist. Wissend um die gezählten Tage, hielt er also vor der durch seinen baldigen Tod nie stattfindenden Emeritierung seine letzte Vorlesung.[17] Diese widmete er weder seiner Krankheit noch dem Tod, sondern dem Thema »Deine Kindheitsträume wirklich wahr werden lassen«. Sie können dort nachlesen, wie er mit seinem eigenen Kindheitstraum, ins Weltall zu fliegen, umging, als er merkte, dass seine Kurzsichtigkeit ihm niemals die Ausbildung zum Astronauten ermöglichen würde.

Mein Tipp, falls Sie Englisch können und in der nächsten Stunde nichts vorhaben: Legen Sie dieses Buch beiseite, gehen Sie an Ihren Computer, geben Sie auf YouTube »Randy Pausch The Last Lecture« ein und schauen Sie sich seine Vorlesung an. Sollte Sie dieses Video kaltlassen, schreiben Sie mir bitte und erklären Sie mir, wie das sein kann: emilio@galli-zugaro.com.

Es ist die berührende Geschichte darüber, was man selbst erreichen kann und, noch viel schöner, wie man anderen helfen kann, ihre Ziele zu erreichen. Denn der zweite Teil seiner Vorlesung dreht sich genau darum: Wie kann jeder von uns anderen helfen, ihre Träume zu verwirklichen.

Ein Aspekt ist dabei fundamental wichtig: der im folgenden Abschnitt behandelte Realitätscheck.

Der Realitätscheck

Nehmen wir an, Ihr Wunschtraum ist, Basketballspielerin zu werden. Sie sind bereit, jeden Tag vier Stunden zu trainieren, tun es auch schon. Sie lesen alle Bücher über Basketball, die Sie finden können. Sie schauen sich Dutzende von Basketballspielen an. Beste Voraussetzungen, um Basketballprofi zu werden. Tja, wirklich schade, dass Sie nur 1,52 Meter groß sind.

Verstehen Sie, was der Realitätscheck beinhaltet? Objektive Tatsachen, die die Verwirklichung des Wunsches, Basketballspielerin in der NBA zu werden, schnell und schmerzhaft zunichtemachen. Heißt das, dass Sie in Selbstmitleid versinken und Ihre Eltern verdammen, die Sie nicht groß genug gezeugt haben?

Denken Sie an meinen Wunsch, Innenarchitekt zu werden. Ich habe versucht, meinen Wunsch besser zu verstehen. Was genau reizt mich am Beruf des Innenarchitekten? Ist es der Beruf an sich oder ist es etwas, das mit dem Ausführen dieser Arbeit zu tun hat, wie eine behagliche Wohnfläche zu schaffen? Das konnte ich ohne Architekturdiplom, das ich einfach kaum hätte schaffen können.

Was genau lieben Sie an Basketball? Das Spiel? Den Ball in den Korb werfen und somit das unmittelbare Erfolgserlebnis einer Bewegung? Der Teamgeist? Das können Sie alles erreichen, ohne in der NBA zu spielen. Sie können Basketballcoach werden. Sie können einen Verein gründen. Ja, Sie können sogar eine neue Sportart gründen, bei der die Körbe nur 1,80 Meter hoch angebracht sind. Sie können Bücher über Basketball schreiben, Sport und Basketball an einer Uni unterrichten und, und, und … Dazu ist es aber notwendig, dass Sie einen objektiven Realitätscheck machen.

Sir John Whitmore, Gründer des Coaching-Modells GROW und einer der Väter der gesamten Disziplin des Business Coaching, hat dem Realitätscheck eine wichtige, die zweite Station des Coaching-Zyklus GROW, gewidmet. Grow steht für Goal (Ziel), Reality (Wirklichkeit), Options (Optionen) und Will (Willen, Aufgaben, Umsetzung).

Dabei rät er, sich der Realität in Schritten zu nähern. Es ist wichtig, dass man über die reellen Bedingungen nachdenkt, sie analysiert, sie hinterfragt, bis hin zu den Gefühlen, die man gegenüber einer bestimmten Tatsache empfindet. Man sammle so viel Input wie möglich über die echten oder vermeintlichen Hürden, die zwischen uns und unserem Wunschjob stehen. Suchen Sie nach beschreibenden Antworten, die die Realität betreffen, nicht nach wertenden. Es ist nicht gut oder schlecht, dass Sie eine kleine Statur haben. Was zählt, ist das Faktum: ein Meter und 52 Zentimeter. So viele Zahlen und Fakten wie möglich müssen in dieser Phase auf den Tisch. Wertungen sind irrelevant.

Dann ist es wichtig, sich zu fragen, was man alles getan hat, um bestimmte Hürden zu überwinden. Und sofort danach sollte man hinterfragen, was die Auswirkungen dieser Taten waren. Whitmore schreibt: »Oft denken Menschen jahrelang über Probleme nach, aber erst wenn sie gefragt werden, was sie konkret getan haben, um diese Probleme anzugehen, bemerken sie, dass sie tatsächlich gar nichts unternommen haben.«[18]

Also, alle Fakten auf den Tisch und keine Alibis. Denn Sie sind schon lange bei der Analyse. Sie müssen ans Ausprobieren gehen!

Wir alle haben viele Wege, Ausreden zu finden, warum etwas nicht geht. Wir könnten es uns einfach machen und sagen: «Pech.« Wenn Sie der Meinung sind, etwas, das geht, ginge nicht, und Sie finden dafür tausend angeblich gute Gründe, dann tragen Sie dafür die Konsequenzen, und ertragen Sie Ihren mobbenden, unbeständigen Chef, der nie auf Ihre E-Mails antwortet und Termine auf den letzten Drücker absagt. Zu einfach.

Eine Liste psychologischer Fachliteratur, wie man innere und externe Widerstände überwindet? Ganz ehrlich: Haben Sie dieses Buch gekauft, um an psychologische Fachliteratur verwiesen zu werden?

Die einfache Antwort ist: Nur wenn Sie es versuchen, können Sie wissen, ob Sie etwas können oder nicht.

Die Vision: zuerst provisorisch, bitte!

Sie haben vielleicht schon alle Elemente, um sich auf die Reise zu begeben. Dazu gehören neben dem Gefühl und mehr als das, dass Sie nicht glücklich sind, wo Sie jetzt arbeiten (Kapitel 2), auch schon Vorstellungen, wie Ihr Wunschleben aussehen könnte. Vielleicht sind diese Elemente aber auch nicht so klar.

Diese Impressionen, diese Annahmen zu Ihrem künftigen Leben sind aber wichtig, um daraus auch Ihren neuen Beruf zu schmieden. Sie stellen die Basisbausteine für den Plan dar, an dem Sie nun arbeiten sollten. Sie können es, wie wir es in der Einleitung getan haben, Ihre Schatzkarte nennen.

Grob gesagt, gehören viele Elemente in diesen Katalog, und sie sind von Person zu Person unterschiedlich: Das kann der Ort sein, an dem Sie leben wollen. Idealerweise ist das auch der Ort, an dem Ihr Partner oder Ihre Familie, wenn Sie eine haben, leben möchten. Es kann die ganz grobe Jobfamilie sein, Medizin, Gastronomie, IT usw. Auch die dazugehörigen Tätigkeiten können Sie grob umreißen: im Vertrieb mit viel Kundenkontakt? In der Forschung, alleine? In der Forschung im Team? Als Dozentin? Als Mensch, der Leute zusammenbringt und vernetzt (connector), als Manager?

Wichtig ist: Es geht hier nicht um die endgültige Festlegung, es geht um einen provisorischen Plan. Um einen Entwurf der Schatzkarte.

Dies ist ein ganz wichtiger Punkt. Aus Angst vor Veränderung wagen wir uns an neue Pläne am liebsten in Tagträumen: Wie schön wäre es, wenn ich ein Café auf den Balearen betreiben könnte, neun Monate im Jahr Sonne und mildes bis warmes Wetter. In den allerseltensten Fällen wird etwas draus, wenn Sie den Standardweg einschlagen, den die meisten Leute begehen. Sie rechnen am Schreibtisch, wie viel Umsatz Sie womit machen müssten, welche Sandwiches Sie anbieten wollen, wie viel Miete Sie höchstens zahlen können, wie viel Kredit Sie von einer Bank aufnehmen müssten und tausend kleine Details, die den Vorteil haben, dass Sie Ihre Entscheidung prokrastinieren, vor sich her schieben, bis irgendwann die Lust verloren geht oder man auf einen Grund (oder besser ein Alibi?) stößt, warum etwas nicht geht.

Sie können Ihre Zukunft nicht am Reißbrett entwerfen und sie dann von einem Tag auf den anderen umsetzen. Insbesondere, wenn Sie in Ihnen völlig unbekannten Ozeanen in See stechen. Dazu müssen Sie diese Meere ausprobieren, deren Winde, deren Temperaturen, deren Gezeiten.

Und dazu reicht ein provisorischer Plan, eine Arbeitshypothese.

Das ist auch der wichtigste Grund, weshalb Sie sich Zeit nehmen müssen für ein Umsteigen.

Sie müssen feststellen, ob Sie einer romantischen Träumerei erliegen wollen, oder auch tatsächlich bereit sind, den romantischen Traum in einen echten Beruf zu verwandeln. Damit sind Anstrengungen verbunden, für das Erlernen neuer Fähigkeiten, für das Testen Ihrer Stärken im Alltag, für das, was man den Realitycheck nennt. Denn wir möchten Ihnen nicht vormachen, dass so ein Umsteigen in null Komma nichts geht und ohne Schweiß. Dabei können Sie Dinge ausprobieren und müssen diese verwerfen. Bereiten Sie sich auf eine Zeit vor, in der Sie nicht gleich auf Anhieb den richtigen Job, Ihre neue berufliche Identität finden. Diese kristallisiert sich erst peu à peu heraus, weshalb Sie auch eine Politik der kleinen Schritte in Erwägung ziehen müssen.

Die Angst vor dem Wechseln kann Ihnen eine an Ihrem Schreibtisch erdachte perfekte Planung nicht nehmen. Sie müssen vom Hocker springen, auch wenn Sie Höhenangst haben, und sich fragen, ob es das wert ist.

Und da Sie das nicht am Reißbrett leben können, müssen Sie es ausprobieren (siehe Kapitel 6).

Damit das Ausprobieren aber nicht zum Stochern im Nebel wird, sollten Sie eben ein Provisorium, einen Planentwurf zimmern.

Die Elemente Ihres Planentwurfes

Was Sie am Schreibtisch oder im Ohrensessel erarbeiten können, sind die Elemente, die zu Ihrer Zukunft gehören. Diese
Übung sollte aber auch am Esstisch mit Ihrem Partner und Ihrer Familie erfolgen, mit Ihrem Umfeld (siehe Kapitel 5). Denn
eine glückliche berufliche Neuerfindung wird erst dann Ihr Leben vollkommen bereichern, wenn sie auch Ihr Umfeld in die
Lage versetzt, Ihr neues Leben zu begleiten. Idealerweise profitiert Ihre Familie sogar von dem Wechsel. Auch wenn gerade in
der Familie die Kräfte vorherrschen, die einem Wechsel skeptisch gegenüberstehen. Aber dazu mehr im nächsten Kapitel.

Jetzt geht es darum, Ihr Wunschszenario zu malen und dabei
die Bedingungen Ihrer Realität zu berücksichtigen. So fehlen in
der folgenden Aufzählung jede Menge reeller Bedingungen, die
gar nicht für eine breite Leserschaft abzubilden sind. Zum Beispiel pflegen Sie ein Elternteil und sind deshalb ortsgebunden?
Oder ist ein unverzichtbarer Teil Ihres heutigen und zukünftigen Lebens Ihr Tennisklub oder Schützenverein und die dazu-
gehörige Gemeinschaft? Das wird ein Leben auf den Balearen
schwer machen. Auch sind mir Schützenvereine auf Mallorca
trotz der deutschen Kolonialisierung der Inseln nicht bekannt …

Der Ort Ihrer Zukunft

Gibt es einen Ort, in dem Sie Ihr zukünftiges (Berufs-)Leben
verbringen wollen? Möchten Sie zurück in Ihren Heimatort?
Möchten Sie in die Sonne, ans Meer, in die Berge, aufs Land
ziehen?

Das »Wo« des zukünftigen Berufslebens ist für viele Menschen sehr wichtig, aus verschiedenen Gründen. Kann es ein

Ort sein, der nichts mit Ihrer Vergangenheit und der Ihres Partners zu tun hat, weil Sie einen gemeinsamen Ort wählen möchten, der auch Ihre Partnerschaft kennzeichnet? Kann ein neuer Standort eine der neu zu erringenden Freiheiten von Ihrem jetzigen Berufsdasein darstellen, weil Sie dann nicht mehr am Sitz Ihres Arbeitgebers arbeiten brauchen und damit frei(er) in Ihrer Entscheidung sind?

Gibt es einen Sehnsuchtsort, den Sie aus häufigen Reisen, Urlauben, gemeinsamen Erlebnissen mit Partner, Familie, Freunden ins Herz geschlossen haben?

Emilios Job bei der Allianz band ihn naturgemäß an München, dem Hauptsitz des Marktführers der Assekuranz. Mit der Entscheidung, bei der Allianz aufzuhören, taten sich für ihn alle Möglichkeiten auf. Zuallererst die Rückkehr nach Italien, seiner Heimat, seiner alten Liebe Rom oder seiner neuen Liebe, dem beschaulichen Orvieto, in Umbrien. Italien oder Deutschland? Dem Land der Sonne und der heimatlichen Gerüche und Geschmäcker, dessen öffentliche Infrastruktur sich seit seiner Auswanderung im Jahr 1990 dramatisch verschlechtert hatte, in dem er sehr ungerne Steuern zahlen würde, weil ihn anwiderte, wie mit den Ressourcen der steuerzahlenden Bürger umgegangen wird. Ein Land, in dem ein Zivilrechtsprozess durchschnittlich zwölf Jahre bis zum erstinstanzlichen Urteil dauert. Meer, Sonne, gutes Essen und vorsintflutliche Infrastruktur? Oder Deutschland, das gemütliche und weltoffene München, Heimat seiner Frau; Deutschland, das Land, in dem seine vier Kinder geboren wurden, in dem er bei jeder Interaktion mit einem bayerischen Polizisten, einer Erzieherin, einer Krankenschwester dankbar für den Einsatz seiner Steuern für deren Gehälter ist? Wo allerdings jedes Einparken dazu führt, dass fremde Leute halten, um dabei zuzuschauen, ob man möglicherweise das Nachbarauto touchiert, das Land, in dem ein Wort den Volkscharakter beschreibt und für das er in den Sprachen, die er sonst spricht, keine Übersetzung finden konnte. Oder können Sie mir bitte sagen, wie man »Bedenkenträger« auf Italienisch, Französisch oder Englisch sagt – »carrier of concerns«?

Keine der beiden Welten ist perfekt. Aber beide haben unwiderstehliche Reize. Emilio kennt in beiden Ländern beide Seiten der Medaille, und das machte eine Entscheidung über Monate zu einem Hin und Her der Gefühle. Er führte unzählige Gesprächen mit Frau und Familie. Deutschland oder Italien? Orvieto, Mailand oder Rom? München oder Berlin oder idealerweise am Havelland, vor den Toren der deutschen Hauptstadt?

Die Entscheidung fiel mit der Antwort auf die Frage, was er nach 23 Jahren in einem sehr anspruchsvollen, fordernden Konzernjob machen würde, nämlich eine sogenannte Portfoliokarriere aus fünf unterschiedlichen Tätigkeiten, in die er seine spärlichen Talente und Fähigkeiten dennoch so einsetzen konnte, dass er daraus ein materiell einigermaßen sorgenfreies Berufsleben gestalten konnte. Aufsichtsrat, Beirat von spannenden Gesellschaften oder Stiftungen und Dozent an einer Universität, einer Business School und der von ihm ins Leben gerufenen Orvieto Academy for Communicative Leadership ist eine der fünf Tätigkeiten von Emilio. Berater die zweite, Mentor die dritte, Buchautor die vierte und Coach von Topmanagern die fünfte.

Dies erlaubte die angenehmste der vielen Optionen, die Sie in einem Dilemma haben, nämlich nicht ein Oder, sondern ein Und. Nicht Deutschland oder Italien, sondern Deutschland und Italien, München, Frankfurt und Berlin, Orvieto und Mailand. Sonne und funktionierender Staat, kulinarische Hochgenüsse in Umbrien und der Lombardei und ein sicheres und kultiviertes Großstadtleben in der bayerischen Landeshauptstadt. Das Beste aus allem.

Es hat lange gedauert, bis sich diese offensichtliche Lösung anbot. Aber nach der Zusammenstellung seines Arbeitsportfolios für die Zeit nach dem Ausstieg aus dem Konzernleben war es nun sogar möglich, ein bisschen von allem zu haben. Nur Orvieto in Umbrien bot nicht diesen Glück stiftenden Mix aus Privat- und Berufsleben, den Emilio anpeilte. Das hat schließlich dazu geführt, dass er dafür extra ein Ausbildungsunternehmen mit seiner Geschäftspartnerin und Freundin Tina Glasl gegründet hat, um mithilfe von über 40 befreundeten Dozenten innovative Lehrinhalte rund um Kommunikation und Führung anzubieten. Dort, wo sein Herz (auch) schlug und keine wirtschaftliche Tätigkeit möglich schien, hat er sich selbst eine geschaffen. Für ihn ist ein Leben zwischen Deutschland und Italien die Erfüllung persönlichen Glücks. Der Ort des neuen beruflichen Daseins ist eine Voraussetzung für dieses Glück, nachdem er ein Leben lang umgezogen ist und sich immer zwischen Baum und Borke fühlte.

Das muss nicht jedermanns Sache sein. Man kann sein ganzes Leben lang glücklich in Essen wohnen, in einer Familie, die seit drei Generationen bei Fortuna Bredeney Fußball spielt. Man kann dort einen Schrebergarten unterhalten und im vertrauten Ruhrpott auch eine vollkommen neue Existenz aufbauen. Es geht um Ihr Leben und Ihren Wunsch.

Es geht aber auch um Realitäten. Sicherlich sind die Malediven attraktiv. Aber wenn Sie jung sind, sollten Sie sich gut überlegen, ob Sie sich auf einem Inselreich niederlassen wollen, das es in 20 Jahren aufgrund des Klimawandels möglicherweise nicht mehr geben wird. Und werden auf Saint Barth in der Karibik Ihre Dienste als Fachmann für Riester- und Rürup-Renten gebraucht? Klar ist die Vorstellung, auf einem Liegestuhl zu sitzen und Piña colada zu trinken, attraktiv. Aber kann man davon leben?

Bietet also der Sehnsuchtsort auch die Chancen beruflicher Entwicklung? Kann man ja ausloten, kann man ausprobieren. Nichts verbietet Ihnen, sich mal als Barkeeper oder Pizzabäcker in einem Luxusresort auf den Malediven auszuprobieren (wie, erklären wir in Kapitel 6), kennenzulernen, wie es ist, kein WLAN zu haben (nur für Hotelgäste, ich bitte Sie!), und dieses Leben zwölf Monate zu führen, ohne mal Sauerteigbrotstullen und ein Altbier genießen zu können, weil Heimflüge nicht Teil des Arbeitsvertrags sind.

Zur neuen Freiheit kann also ein neuer Ort gehören, muss aber nicht. Sicherlich sollte dort die Ausübung einer anständigen Arbeit möglich sein. Das sind – global betrachtet – Städte, genauer gesagt »smart cities«, Städte mit einer modernen Infrastruktur, hoher Lebensqualität, einer Vielzahl an unterschiedlichen Branchen und Berufen und somit einer kontinuierlichen intellektuellen Stimulanz.

Nicht jedes Idyll auf dem Land oder am Meer bietet die technische und kulturelle Infrastruktur, die man für bestimmte Berufe braucht. Romane schreiben können Sie auch auf der Chora der Ägäisinsel Patmos. Über Literatur diskutieren können Sie dort das ganze Jahr lang mit den Popen der altehrwürdigen Bibliothek des Eilands. Aber auch nur mit denen, zumindest in neun von zwölf Monaten.

Das Berufsfeld für Ihre Zukunft

In welchen Berufsfeldern (ganz grob) will ich tätig sein? Welches ist die Branche, in der ich meine Zukunft sehe? E-Mobilität? Gastronomie? Gesundheitswesen? Tourismus? Kultur? Alternative Energien? Und so weiter, bis Sie die Liste aller Branchen der Welt durchhaben. So schwierig dürfte es nicht sein, denn die Branche, in der Sie arbeiten werden, ergibt sich in der Regel aus Ihrer Ausbildung, Ihren Zusatzqualifikationen und in den letzten Jahren absolvierten Weiterbildungen, aus Ihren Chancen, zu reüssieren, Ihrer Berufserfahrung und dem eigenen Angebot als Fach- oder Führungskraft.

Wir haben in unseren unzähligen Gesprächen mit Umsteigern bisher keine getroffen, die bei der Wahl ihrer zukünftigen Berufsfelder auf vollkommen neue Bereiche umsatteln wollen. Es gibt immer einen Bezug zum bisherigen Leben, wenn auch nicht notwendigerweise zum Berufsleben. So ist Emanuele als Tierarzt nicht automatisch zum Käsehersteller prädestiniert, aber bei vierhundert Ziegen schadet es nicht, dass er über ihre Gesundheit wachen kann, die ein wichtiges Element für die Qualität seiner Käsesorten ist (auf S. 90 finden Sie die Geschichte von Alessandra und Emanuele).

Die beiden Fragen, die Sie sich bei der Einengung der zukünftigen Berufsfelder stellen, sind:

a. Kann ich das (fachlich)?
b. Will ich das (sehne ich mich danach)?

Können möglicherweise auch Hobbys ein weiteres Kapitel Ihres Entwurfs sein? Viele machen aus Hobbys oder Interessen einen Beruf, oft in Bereichen, die ihrem Altjob ähnlich sind oder diesem nahestehen.

Welche Rolle sollen Freunde, Hobbys, gesellschaftliches Engagement in Ihrem neuen Leben einnehmen? Kann man eigentlich Hobbys und Interessen in einen Beruf integrieren?

Die Fragen sind nicht trivial, denn das, was wir Hobbys nennen, sind Tätigkeiten, die wir freiwillig und aus reinem Spaß daran machen. Ob das sammeln, basteln, im Chor singen oder Nordic Walking ist. Dieser Antrieb, aus reinem Spaß, ist möglicherweise eine zusätzliche, vielleicht sogar die wichtigste Energiequelle für Ihr neues Berufsleben. Eine solche Quelle sollte man nicht ignorieren.

Victoria ist eine Kommunikationsexpertin aus Melbourne, die eine erfolgreiche Karriere in zwei führenden PR-Agenturen gemacht hat. Vor zwei Jahren hatte sie die Nase voll davon, Produkte zu promoten, die ihr egal waren. Sie beschloss, sich auf einen MBA vorzubereiten, um sich danach in der Luxusgüterindustrie zu bewerben. Dazu muss man das GMAT-Examen ablegen, für das sie nun täglich büffelte. Da sie gekündigt hatte, blieb ihr neben der Mathematik (ihrer großen Schwäche unter den Fächern, die beim GMAT abgefragt werden) noch genug Zeit, um sich ihrem Steckenpferd zu widmen, der Musik. Sie wollte ihre lokale Oper unterstützen und in Vorbereitung des MBAs ehrenamtlich arbeiten. So bot sie sich an, das Fundraising für die nächste Saison zu unterstützen. Es gelang ihr, eine Reihe von Luxusgüterherstellern als Sponsoren für die Oper zu gewinnen. Sie weiß, wie diese Branche tickt, was Exklusivität, Status und Qualität ihr bedeutet. So konnte sie rund um das Programm Events schaffen, die es den Sponsoren erlaubten, sich und ihre Marke so einzubringen, dass das Theater trotzdem nicht zu einer Litfaßsäule wurde. Dieser Austausch mit den Sponsoren gab ihr wiederum noch mehr Einblick in ihre Wunschbranche und verschaffte ihr jede Menge Kontakte in der Branche, in der sie nach dem MBA arbeiten wollte. So hat sie nicht der MBA, sondern ihre Melomanie und ein ehrenamtliches Engagement in den Wunschjob geführt. Der MBA ermöglicht ihr nun, die notwendigen General-Management-Bausteine zu kennen, die sie für ihren weiteren Werdegang brauchen wird.

Leben und Arbeit sind Teil Ihres einen Lebens.

Die Art der Tätigkeit

Welche Art von Tätigkeit würde mir gefallen? Sie können Medizin studiert haben und vollkommen unterschiedliche Berufe mit dieser Ausbildung ausüben. Sie können Medizin an der Uni lehren, medizinisch forschen, unternehmerisch tätig sein (eine Praxis betreiben) oder angestellt arbeiten. Sie können als studierter Mediziner auch Journalist werden, zum Beispiel als Leitender Redakteur im Wissenschaftsressort der Süddeutschen Zeitung, wie Werner Bartens, der zudem ein äußerst fruchtbarer Buchautor ist und mehrfach zum »Wissenschaftsjournalisten des Jahres« gewählt wurde.

Viele der Menschen, die umsteigen wollen, finden in ihrem jetzigen Job nicht ausreichend Sinnerfüllung. So interessieren sich immer mehr Menschen für den Non-for-profit-Bereich, sowohl haupt- als auch ehrenamtlich. Nun gut, das Ehrenamtliche sparen wir uns hier, weil es um die berufliche Neuerfindung geht, und dabei setzen wir voraus, dass Sie sich davon ernähren können müssen.

Die starke Sinnhaftigkeit ehrenamtlicher Tätigkeit in gemeinnützigen Einrichtungen können Sie auch als Angestellter verfolgen, ja sogar als Berater oder Manager. Der ganze Bereich Social Entrepreneurship widmet sich diesem Berufsfeld. Zum Beispiel die Firma Auticon, die nur Autisten als IT-Consultants einstellt und damit besonders komplexe IT-Lösungen anbieten kann, die von der Fähigkeit zum Querdenken, der Genauigkeit, Mustererkennung, Ausdauer und dem angeborenen Qualitätsbewusstsein von Menschen mit Autismus profitieren. In solchen Unternehmen können auch Sie ein Gehalt verdienen und eine große Sinnhaftigkeit Ihres Tuns erfahren. Oder schauen Sie auf die Website des Personalberaters Talents4Good, wo Sie sich als erfahrene Geschäftsperson aus jedem Tätigkeitsfeld auf Jobs bei Stiftungen und gemeinnützigen Vereinen bewerben können. An Sinnhaftigkeit wird es Ihnen nicht mangeln.

Wollen Sie lieber *dozieren*, an der Uni, Fachhochschule, Berufsschule, an privaten Institutionen, in der Aula oder online? Wissen vermitteln und Menschen ermächtigen?

Wollen Sie *operativ umsetzen*, als Handwerker, Künstler, Mechaniker, Landwirt, Codierer und so weiter? Wollen Sie ein sinnliches Ergebnis Ihres Tuns, eine handwerklich gelungene

Meisterarbeit abliefern, Dinge zum Funktionieren bringen und ihre mechanischen Zwecke erfüllen lassen?

Beabsichtigen Sie zu *beraten*, also als Experte einem Nicht-Experten mit Rat, bezahlt nach Stunden- oder Tagessätzen, zur Seite zu stehen? Für eine Beratungsfirma oder als Selbstständiger? Dem Kunden das Umsetzen überlassen und dabei dafür sorgen, dass es nicht an Dingen scheitert, die Sie analytisch, systematisch und prozessual im Griff haben (Technik, Betriebswirtschaft, Design etc.)?

Oder stellen Sie sich eher vor, zu *beaufsichtigen*, als Aufsichtsrat oder Beirat, als Regulator? Dafür zu sorgen, dass nicht nur Regeln befolgt werden, sondern dass der Geist einer Unternehmung und dessen Sinnhaftigkeit über das notwendige Gewinnstreben hinaus der Kompass der Firma bleibt oder wird?

Streben Sie nach einer *kommunikativen* Tätigkeit? Wollen Sie Menschen, Interessengruppen (Stakeholder) zum Austausch animieren, durch gutes Zuhören einen konstruktiven Dialog aufbauen, Menschen verbinden?

Schwebt Ihnen das *Mentoring* vor, also weniger Erfahrenen Ihre Erfahrung zu übertragen? Warum wir hier »weniger Erfahrenen« schreiben anstatt »Jüngeren«? Weil man bisher vor allem davon ausgeht, dass der Ältere der Mentor und der Jüngere der Mentee ist. Das ist aber falsch: Intelligente Unternehmen machen Reverse-Mentoring-Programme, bei denen zum Beispiel junge Digital Natives den älteren Herrschaften aus dem Topmanagement beim Umgang mit den sogenannten neuen Technologien als Mentoren zur Seite stehen. Es kann also auch eine Sechzehnjährige die Mentorin eines Achtundfünfzigjährigen sein.

Wollen Sie *coachen*? Und was meinen Sie mit »coachen«? Die im deutschen Berufsbild überwiegend aus der psychologischen und systemischen Schule entstandene Tätigkeit oder das angelsächsisch geprägte Executive Coaching, das man erst im Anschluss an eine erfolgreiche Karriere außerhalb des Coaching-Bereichs betreibt?

Träumen Sie vom *Schreiben* und Ihrem Blog, Büchern, Artikeln?

Oder reizt Sie eher die *Forschung*? An Universitäten und privaten Bildungseinrichtungen, in freien Forschungsteams, in Unternehmen? Ist es die Entdeckung, die Sie reizt, oder sind es die Prozesse beim Forschen?

Und wie steht es mit der *künstlerischen Betätigung*? Wollen Sie, um sich Ihren Lebensunterhalt zu verdienen, musizieren, bildhauern, malen oder fotografieren? Wie zum Beispiel der Schauspieler Stefan Hunstein, der unter anderem an den Münchener Kammerspielen, dem Schauspielhaus Bochum und dem Bayerischen Staatsschauspiel tätig war und nicht nur in seiner Rolle in »Der Gott des Gemetzels« brillierte. Heute stellt er die Fotografie und weiterhin die Arbeit an der Sprache, auch als Trainer, in den Vordergrund seiner künstlerischen und beruflichen Entwicklung.

Ihre Aussichten, im für Sie richtigen Berufsfeld zu reüssieren, können Sie anhand zweier Maßstäbe vorhersehen:

1. Ihre Stärken: Vieles ergibt sich aus Ihrem Stärketest (s. S. 55 f. in Kapitel 3). Alle Stärketests geben Ihnen klare Hinweise, ob Sie das Talent zur Beratung, Forschung, Redaktion, zum Mentoring oder zu anderen Arten von Tätigkeiten haben.

2. Die Probe aufs Exempel: Wenn Sie diese Arten von Tätigkeiten ausprobieren, ob in Ihrem »alten« Job oder in den Experimenten, die Sie in Kapitel 6 finden, bekommen Sie einen Hinweis auf die Erfolgsaussichten, Ihre Stärken im beruflichen Alltag eines »neuen« Jobs einzusetzen.

Welche *Form der Tätigkeit* streben Sie an? Wird die Selbstständigkeit Ihnen zu Ihrem beruflichen Glück verhelfen? Die Frage, ob Sie angestellt oder selbstständig tätig sein wollen, ist sehr wichtig. Denn sie spricht ein fundamentales Verlangen des Homo sapiens an: das Bedürfnis nach Sicherheit. Damit geht einer der zentralen Gründe für die Angst des Umsteigers einher: Kann ich der Verantwortung, für meinen Lebensunterhalt und den meiner Familie zu sorgen, gerecht werden? Wie viel Risiko kann ich, wie viel Risiko will ich eingehen? Am anderen Ende der Skala steht die Motivation. Einer der drei Pfeiler der Motivation, neben der Exzellenz der eigenen Arbeit und der Sinnhaftigkeit des eigenen Wirkens, ist die Selbstständigkeit. Eine der größten Motivationsbremsen ist die Fremdbestimmtheit. Oder lieben Sie es, wenn Ihr Chef jeden Tag zwei Mal nachfragt, wie es um die Präsentation steht, die Sie erst in zwei Monaten abgeben müssen? Oder wenn Sie vor dem Erledigen einer Arbeit ein Handbuch durchgehen müssen, in dem steht, was Sie dürfen und was nicht?

Gute Chefs, und davon gibt es mehr, als man denkt, lassen einem Mitarbeiter so viel Verantwortung und Selbstbestimmung, wie es nur geht. Bei solchen Vorgesetzten kann man auch innerhalb eines Unternehmens, ja sogar innerhalb eines Konzerns, als Angestellter ein vollkommen erfülltes Berufsleben haben. Emilio hatte das Glück, unter drei Vorstandsvorsitzenden der Allianz zu arbeiten, die ihm alle Freiheit zugestanden haben, die er brauchte, seinen Job zu machen.

Wir wissen aber auch, dass unter den vielen Gründen, weshalb Menschen kündigen, die Hälfte aller, die das Handtuch werfen, wegen ihres (schlechten) Chefs gehen.

Hier gilt es also, sich zu fragen, ob man wechseln will, weil man ein selbstständigeres Erwerbsleben anstrebt, oder weil man einen schlechten Chef hat, der meint, mit Handschellen und Leitplanken, wenig Information und totaler Kontrolle ließen sich Mitarbeiter zur Höchstleistung antreiben. Manchmal reicht es, den Chef zu wechseln und nicht die Form der Tätigkeit.

Oft aber ist es eine grundsätzliche Veränderung, die Menschen anstreben, um sich aus dem Korsett von Regeln zu befreien, deren innerer Sinn sich ihnen nicht mehr erschließt und von dem sie wissen, dass er bei jedem Arbeitgeber so ist und sein muss. So ist ein Betriebsarzt, der als Angestellter in einem Unternehmen arbeitet, nicht wie sein Kollege, der eine Praxis betreibt, in der Lage, zwei Tage in der Woche zu forschen oder ein Unternehmen zu gründen. Das hat Dr. Rainer Luick, Allgemeinarzt in München, tun können, der mit Kollegen das Unternehmen MediSinn gegründet hat, das Firmen in der Betriebsmedizin berät. Das hätte er als angestellter Betriebsarzt in einem Unternehmen, allein zeitlich, gar nicht machen können.

Die Frage, welche Form der Tätigkeit Sie ausüben wollen, ist also ein besonders wichtiger Faktor. Auch hier kann nur der Mix aus dem Bewusstsein um Ihre Stärken und dem Ausprobieren Klärung bringen. Wer sein halbes Leben als Angestellter gearbeitet hat, dem fehlt oft die Fantasie, sich ein Leben als Unternehmer oder Selbstständiger vorzustellen, auch wenn er dafür alle Begabungen mitbringt. Auch hier gilt: Ausprobieren! Und auch deshalb reden wir hier über die Bestandteile eines Entwurfs Ihres zukünftigen Lebens, eines vorläufigen Plans, nicht darüber, Ihr neues Dasein gleich in Stein zu meißeln. Jetzt gilt es also erst mal einen guten Plan zu entwerfen, noch nicht ihn so umzusetzen.

Entsprechend sollten Sie sich fragen, ob Sie sich vorstellen können, *unternehmerisch* tätig zu werden. Wollen Sie eine Firma gründen, die Sie vererben und langfristig als unabhängige Firma auslegen? Oder schwebt Ihnen vor, ein Unternehmen zu gründen, es an die Börse zu bringen oder anderweitig zu verkaufen?

Das ist keineswegs nur eine Frage, die sich junge Berufseinsteiger stellen. Sehr oft entdecken angestellte Experten mit grauen Haaren, erfahrene Forscher oder Manager, dass es Bedarf an einem Produkt oder einer Dienstleistung gibt, dass sich Marktlücken auftun, die nach einem neuen Anbieter schreien. Die Option, eine zündende Geschäftsidee allein oder mit Partnern umzusetzen, ist ein beliebtes Sujet von Gesprächen an Stammtischen, in bürgerlichen Salons und während sonstiger privater Diskussionen. Der Unterschied zwischen dem Reden und dem Tun kann in einem guten Entwurf für einen solchen Schritt und dem Ausprobieren bestehen. Während Ihre Freunde noch bei einem mehr oder weniger guten Essen »Hätte, hätte Fahrradkette« spielen, so können Sie ein paar Jahre abtauchen und dann als diejenige wieder am Stammtisch erscheinen, die das umgesetzt hat.

Immer häufiger, und die beiden Autoren dieses Buches sind lebende Beweise dafür, setzen sich sogenannte *Portfolio-Karrieren* durch. Man übt mehrere Tätigkeiten aus. Emilio ist selbstständig und unternehmerisch tätig, aber auch als Dozent und Buchautor. Jannike coacht, forscht, schreibt als Selbstständige und hat auch ihre eigene Berufsberatung gegründet.

Wir wissen, dass die allergrößte Mehrheit von uns über mehrere Talente verfügt, Martin Seligman hat dazu Lesenswertes geschrieben.[19] Ihr Ziel muss sein, so viele Ihrer Talente wie möglich in das neue Berufsleben einzubringen. Denn damit steigern Sie Ihre Zufriedenheit, Ihr Glücksgefühl, Ihre Motivation. Und Ihren Erfolg, der sich nicht über Ihren Verdienst definiert, sondern über die Ausübung kongenialer Tätigkeiten in Freiheit und mit einem Sinn, der über das Geldverdienen deutlich hinausgeht.

Wenn Sie einen solchen Zustand erreicht haben, wird das Geld automatisch folgen. Nicht, weil irgendwelche Autoren Ihnen das versprechen, sondern weil Sie es ausprobieren werden und Sie jede Möglichkeit haben, gegenzusteuern, wenn sich etwas in eine unerwünschte Richtung entwickelt. Denn Sie springen nicht von heute auf morgen ins kalte Wasser, sondern nehmen sich für das Umsteigen die notwendige Zeit.

Bevor man allerdings die Punktlandung versucht, gilt es, die richtige Landschaft zu überfliegen und nach geeigneten Zielen Ausschau zu halten. Und bei der Entscheidung, über welche Landschaft man auf der Suche nach dem Ziel fliegt, sollte man sich zumindest in etwa festlegen: Berge, Seen, Meer, Hügellandschaft, im Süden oder im Norden? In anderen Worten, will man angestellt arbeiten oder selbstständig? Will man ein Unternehmen gründen oder in den öffentlichen Dienst? Will ich in einer Firma arbeiten, in einer Nichtregierungsorganisation, in einer Stiftung? Wo kann ich meine Stärken am besten einbringen?

Ein Kompass bieten die drei Zugpferde der Motivation: Exzellenz, Selbstständigkeit und Sinnhaftigkeit. Welches dieser Rassetiere muss besonders gepflegt werden? Oder müssen es gar mehrere sein? In welchem Kontext kann ich besser gedeihen und mich besser verwirklichen? Oder: Wo kann ich die beste Arbeit abliefern, die mich mit Stolz erfüllt und anerkannt wird (Exzellenz)? Wie viel Selbstständigkeit brauche ich, um motiviert zu sein? Von der vollkommen autonomen Arbeit vor dem PC bis hin zur Einbindung in ein Team und der Unterordnung in eine Hierarchie gibt es unzählige Varianten, die Entfaltung erlauben, je nach individueller Neigung und persönlichem Typ. Zuletzt genannt, aber am relevantesten, ist die Frage nach der Sinnhaftigkeit der eigenen Arbeit. Auch darauf muss jeder seine persönliche Antwort finden. Diese Suche und deren Ergebnis sind zentral für ein Umsteigen, das Sinn ergibt.

Der vorläufige Plan oder die Arbeitshypothese

Am Ende dieser Etappe steht die Arbeitshypothese. Ich könnte mir vorstellen, ein Restaurant zu eröffnen. Oder: Ich will es als Berater versuchen. Oder: Ich wäre gerne Landschaftsgärtner.

Oder: Ich möchte ein Unternehmen gründen. Oder, oder, oder. Hauptsache, ich habe in etwa eingekreist, was ich tun möchte, was meinen Stärken entspricht, was mich motivieren kann, weil ich dort exzellent arbeiten kann, so selbstbestimmt und sinnhaft, wie ich möchte. Dabei ist es auch vollkommen in Ordnung, wenn zu diesem Zeitpunkt noch mehr als eine Arbeitshypothese auf Ihrem Zettel steht.

Die Pyramide der Kriterien der Karriereentscheidung[20]

Ebene 1
Beruf,
Branche und
Fachgebiet

Ebene 2
Kompetenzen, Beweg-
gründe und Nutzen

Ebene 3
Grundlegende sowie logisch erschlossene
Annahmen darüber, was in unserem Leben und
in der Welt wünschenswert
und möglich ist

Übersicht über die Elemente des vorläufigen Plans

DER PLANENTWURF

Meine Stärken

Die Probe aufs Exempel
(Bestätigung der Erfolgsaussichten?Kapitel 6)

Umfeld

Person   Branche   Tätigkeit

Art der Tätigkeit

gemeinnützig	beaufsichtigen
dozieren	kommunikativ
operativ	künstlerisch
beraten	schreiben
coachen	forschen
mentoring	

Ort der Zukunft

Form der Tätigkeit
Selbstständigkeit   Angestellter

Berufsfeld
Gesundheitswesen   Bildungsbereich

Meine Hobbys

Meine beruflichen Interessen

MEINE ARBEITSHYPOTHESE

ICH will...

ICH möchte...

ICH...

Kapitel 5
Das Umfeld – allein geht es auch, aber mit Freunden und Familie geht es leichter
(Emilio)

Sind Sie kinderloser Single, Vollwaise und Eigenbrötler? Tschakka, Sie haben die totale Freiheit, Ihr neues Leben zu gestalten! Sie möchten Eremit in einer kanadischen Blockhütte werden, wo Sie biologischen Ahornsirup in Kleinstmengen produzieren wollen? Kein Problem.

Für alle anderen ist unser Ratschlag von der – für uns typischen – Banalität des gesunden Menschenverstands gekennzeichnet: besprechen Sie Ihre Zukunft mit Ihrer besseren Hälfte und dem Rest Ihres Stammes. Nur so wird aus dem Entwurf ein tatsächliches, neues, erfülltes Berufsleben.

»Ein Modegeschäft eröffnen? Das kann ich meinen Eltern nicht antun, nachdem sie mir mein Studium finanziert haben!« »Was werden die Freunde sagen, wenn sie erfahren, dass ich freiwillig in der Zentrale ein kleines Team übernehme, nachdem ich jahrelang durch die Welt gejettet bin, an den schönsten Orten und in den besten Hotels war?« »Und macht mein Partner mit, wenn ich drei Monate im Jahr aufs Land ziehe?«

Unsere Freunde und die Familie interessieren sich für das, was wir machen. Zieht man sein Ding alleine durch oder bindet man sein Umfeld mit in die beruflichen Entscheidungen ein?

Spielt der Tod einer wichtigen Person, eine geschiedene Ehe oder die Gesundheit eine Rolle für den Antrieb, sich zu verändern? Spielen Kinder oder der Wunsch nach mehr Zeit mit der Familie eine Rolle im neuen Leben und wenn ja, welche? Bei den beiden Autoren spielten diese Faktoren eine Rolle – und keine kleine. Das erklären sie weiter unten, ohne ein Blatt vor den Mund zu nehmen. Familie und Freunde können eine Entscheidung unterstützen oder nicht. Sie können sich ihr gar widersetzen. Und was für eine Rolle kann der Arbeitgeber spielen, wenn der Wunsch nach Veränderung im Mitarbeiter reift? Um erfolgreich zu wechseln, sollte man sich der beteiligten Stakeholder bewusst sein, sie idealerweise einbinden, auf jeden Fall aber berücksichtigen.

Eines sagen wir Ihnen gleich: Ihr Umfeld, Ihre Familie, Ihre Freunde sind in der Regel die, die die Hürden aufstellen, die dem Wechsel skeptisch entgegentreten. Herminia Ibarra vom Insead hat in ihrem bahnbrechenden Buch dazu ganz klar geschrieben: »Wenn es darum geht, sich selbst neu zu erfinden, dann sind diejenigen, die uns am besten kennen, oft auch die, die eher verhindern als unterstützen. An sich möchten sie helfen, aber sie tendieren dazu, die alten Identitäten, die wir ablegen wollen, verstärkt zu betonen oder gar verzweifelt an ihnen festzuhalten.«[21]

Wenn der Partner nicht mitspielt

Nathalie, eine erfolgreiche Private-Equity-Managerin, die gerne aus dem Hamsterrad aussteigen wollte, beichtete mir, dass es ja keinen Sinn mehr machte, das Thema weiter zu verfolgen. Ihre Partnerin Eva habe ihr klar signalisiert, dass eine solche Entscheidung eine Trennung zur Folge hätte. Denn Eva habe nicht jahrelang zugunsten ihrer erfolgreiche(re)n Partnerin beruflich zurückgesteckt, um jetzt nicht mehr vom Millionengehalt von Nathalie zu profitieren, von dem Eva ihr gesellschaftliches Engagement als Sponsorin einer Initiative zur psychologischen Beratung von durch Misshandlung traumatisierten Kindern bestreitet.

Der perfekteste Plan zum Umsteigen wird Makulatur, wenn Sie Ihr Umfeld nicht in Ihre Entscheidung einbeziehen. Das Besprechen Ihres Planentwurfs mit Ihrem unmittelbaren Umfeld dient – konservativ betrachtet – der Risikoprophylaxe, dem Vermeiden, dass aus Ihrem Veränderungsplan eine Seifenblase wird, die Ihr Partner mit einer Nadelspitze zum Platzen bringt. Es ist smart, den Wandel mit der Familie, dem Partner zu besprechen und zu sehen, ob das Gefüge dadurch erhalten bleibt.

Die Beharrungskräfte wollen ernst genommen werden, und das wird Ihnen bekommen. Erwarten Sie aber nicht die entscheidenden Impulse aus Ihrem Umfeld. Sie müssen diese Impulse selbst setzen, und das kann auch eine Chance für Ihre Familie und Ihre Freunde sein.

Denn viel spannender als die defensive Risikovermeidung im eigenen Umfeld ist das gestalterische Potenzial einer solchen Veränderung, den Stoff, der Ihre engsten Beziehungen ausmacht, nicht nur zu erhalten, sondern zu stärken, wetterfester zu machen, ja, zu einem Großsegel, mit dem Sie zusammen in die Zukunft aufbrechen können.

Sie können die Chance eines Wandels nutzen, um sich näherzukommen, physisch wie seelisch.

Umsteigen könnte mehr Nähe bringen

Sollten Sie zu den zwei Millionen deutschen Fernpendlern zählen, die mehr als 50 Kilometer zu Ihrer Arbeitsstätte pendeln, könnten Sie entscheiden, Ihrer Familie etwas mehr Zeit und der

Gesellschaft etwas weniger CO_2-Belastung zu schenken, indem Sie Ihr neues Leben so ausrichten, dass weder Sie noch Ihre Partnerin weiterhin pendeln müssen.

Den meisten Beziehungen tut Nähe gut. Ihre berufliche Neuerfindung kann also mit einer Verbesserung der Voraussetzungen für eine glückliche Beziehung einhergehen, indem Sie Fernpendeln einstellen und sich für einen Standort entscheiden, der Ihnen mehr Zeit mit Ihren Lieben erlaubt. Entsprechend kann Ihre neue Freiheit die Arbeitsbedingungen Ihrer Partnerin erleichtern, die schon einem erfüllenden Beruf nachgeht, dies aber unter großen Opfern von sich selbst und der Familie tut. Jetzt können Sie Ihr neues Berufsleben so planen, dass Sie der Person, die Sie lieben, auch zu mehr Freiheit verhelfen.

Viele italienische Landsleute von Emilio hat es ins Ausland gezogen, damit sie ihren Kindern mehr Chancen bieten können als in der Heimat, in der die Jugendarbeitslosigkeit zwischen 40 und 50 Prozent pendelt und der Berufseinstieg noch schwerer ist als für einen Ostseefischer das Aufrollen der Pappardelle auf einer Gabel.

Die Entscheidung für einen neuen Job, einen anderen Beruf kann also nicht nur zu Ihrem persönlichen Glück beitragen, sondern auch zu dem Ihrer Nächsten. Noch ein Grund mehr, darüber nachzudenken, wenn Sie schon dieses Gefühl im Bauch haben, über das wir in Kapitel 2 geschrieben haben.

Gemeinsames Umsteigen?

Zusammen glücklich im Beruf: Gibt es ihn, den gemeinsamen Traum? Und was kann ich heute schon angehen, um ihn zu verwirklichen, auch wenn es nur ein privater Traum ist?

Am Anfang vieler Liebesgeschichten gibt es einen Traum. Wenn man sich am Arbeitsplatz, bei der Ausbildung, an der Uni

kennengelernt hat, teilt man in der Regel auch die Ziele der beruflichen Bestimmung, die Sinnhaftigkeit, die man in einem Beruf
sieht. Dieses gemeinsame Ziel kann sich im Laufe der beruflichen
Entwicklung verlieren, weil man aus Not oder Opportunität einen
anderen Weg gewählt hat. Der Umstieg kann eine gute Gelegenheit sein, an diese gemeinsamen Wurzeln anzuknüpfen.

Oder man entwickelt während der Partnerschaft einen gemeinsamen Traum, für den man sein altes Leben aufgibt. Wie
Alessandra und Emanuele. Sie ist Römerin, Professorin für Ro-
manistik an der Universität La Sapienza in Rom, und er Tierarzt
aus Sizilien. Beide träumten davon, gemeinsam auf dem Land
zu leben und dort Kinder großzuziehen.

Diese Gelegenheit ergab sich, als vor fünf Jahren ein geeigne-
tes Grundstück in Orvieto zum Verkauf stand. Jetzt leben sie mit
ihren zwei Kindern dort, haben über 400 Ziegen und einen preis-
gekrönten Betrieb, der den besten Ziegenkäse südlich der Alpen
produziert. Sie haben nur eine Woche Ferien im Jahr, aber sie
sind überglücklich. Wenn Sie mal zwei intellektuelle Bauern kennenlernen und – ganz nebenbei – herrlichen Ziegenkäse aus einem von A bis Z als Biobauernhof geführten Unternehmen genießen wollen, fahren Sie zum Secondo Altipiano in Orvieto und
besichtigen Sie einen gelungenen Umstieg von zwei Akademikern zu Ziegenhirten und Käseproduzenten. Von dieser »Besich-
tigung« kann auch Ihr Gaumen profitieren, vor allem, wenn Sie
die beiden aus Bayern gekommenen Bioweinbauern Petra und
Anton gleich um die Ecke besuchen, die den ersten und immer
noch besten Rosé in Orvieto produzieren.

Das Nachdenken über eine berufliche Zukunft sollte das eigene Umfeld mit einbeziehen, wenn auch nicht notwendigerweise wie bei Alessandra und Emanuele durch die Verwirklichung eines gemeinsamen beruflichen Traums.

Ein anderes Beispiel aus Umbrien zeigt, wie man einen gemeinsamen Traum bei unterschiedlichen Berufen verwirkli-

chen kann. Wolfgang, Zahnarzt, und Annette, Physiotherapeutin, lieben ihre Berufe. Aber sie lieben auch Italien. So kam es, dass sie vor knapp 20 Jahren beschlossen, ihr Berufsleben im gemachten Bett in Baden-Württemberg ins beschauliche Orvieto zu verlegen, wo es kein gemachtes Bett gab. Den Umweg über Rom gehend, haben sie es geschafft, sich eine Existenz aufzubauen, die dem vollkommenen Glück so nahe ist, wie wir es selten erlebt haben. Trotz der schwierigen bis unmöglichen Infrastruktur des italienischen Gesundheitswesens ist es ihnen gelungen, die Schönheit ihrer neuen Heimat mit einem Einkommen zu verknüpfen, das sicher geringer ist als im Schwäbischen. Dafür erlaubt es ihnen aber, ihre zwei Kinder zweisprachig aufzuziehen in einer Landschaft, die seit 1500 Jahren die eskapistisch-romantische Projektion der nordischen Stämme Europas ist.

Leben versus Arbeit?

Wenn es um solche Umsteigebiografien geht, geht es auch darum, eine Wortschöpfung Lügen zu strafen, die sich aus einem Bild des Berufslebens speist, das Entfremdung quasi voraussetzt. Ich rede von der sogenannten Work-Life-Balance.

Der Begriff wird von der deutschen Regierung wie folgt definiert: »Work-Life-Balance bedeutet eine neue, intelligente Verzahnung von Arbeits- und Privatleben vor dem Hintergrund veränderter und sich dynamisch wandelnder Rahmenbedingungen. Die Vereinbarkeit von Anforderungen und Interessen des Arbeits- und Privatlebens hängt sowohl von den organisatorischen Bedingungen als auch von der persönlichen Wahrnehmung und dem individuellen Verhalten ab. Ein ausgeglichenes Verhältnis von Arbeits- und Privatleben fördert ganzheitlich erfolgreiche Berufsbiografien unter Rücksichtnahme auf soziale, familiäre, kulturelle, gesundheitliche, ehrenamtliche und sonstige private Erfordernisse bzw. Interessen. Eine gelungene Vereinbarkeit von Arbeits- und Privatleben wirkt sich positiv auf die Person, die Organisation und die Gesellschaft aus.«[22]

Wenn man das genau liest, dann findet man hier sowohl das, was wir mit diesem Buch sagen wollen (nämlich die »ganzheitlich erfolgreichen Berufsbiografien«), als auch deren übersteigertes Gegenteil, nämlich immer noch die Trennung von Arbeits- und Privatleben. Diese Trennung steigert sich im oberflächlichen Gebrauch dieses Ausdrucks in eine Fortsetzung der entfremdeten Gegensätzlichkeit von Arbeit und Privatleben. Wir reden aber von einer Person, zu der in der modernen Gesellschaft natürlich auch das Berufsleben zählt.

Es geht unseres Erachtens also nicht darum, Arbeit und Privatleben »irgendwie« zu vereinbaren, sondern sich klar zu sein, dass beide zur gleichen Person gehören und beide Glücksgefühle sowie Schmerzen verursachen können.

Wenn Sie sich schon für das Umsteigen entscheiden, dann sorgen Sie doch gleichzeitig auch dafür, dass diese Trennung aus Arbeit und Leben nicht weitergeführt wird. Das Ernähren und Ausscheiden, das Atmen und Schlafen sind eher Überleben als Leben. Wenn Sie bei der Arbeit genauso in den Flow kommen können wie beim Puzzlespiel mit Ihrem Sohn, dann verstehen Sie, was wir meinen.

Wenn Sie jemand bei einem privaten Abendessen auf Ihre Arbeit anspricht, und daraus entwickelt sich eine spannende, mitreißende Unterhaltung über die Sinnhaftigkeit, die Freude am Gestalten und Ausführen, dann dürfte klar sein, worin der Unterschied zwischen einem Broterwerb und einer erfüllenden Arbeit besteht.

Eine Reihe von Fragen kann Ihnen helfen, mit Ihrem persönlichen Umfeld zu kommunizieren. Für die, die es vielleicht vergessen haben: kommunizieren heißt nicht, dass Sie einen Entschluss fassen und den an jemanden »kommunizieren«, also jemandem auftischen. Zum Kommunizieren gehört per Definition das Zuhören. Schon Zeno von Elea, ein Philosoph, der vor 2500 Jahren auf dem heutigen Sizilien lebte, sagte: »Die Natur hat uns zwei Ohren und nur einen Mund gegeben, was darauf hindeutet, dass wir weniger sprechen und mehr zuhören sollten.«

Man kommuniziert *mit* jemandem, nicht *an* jemanden.

Fragen, die Ihr Umfeld interessieren können, sind also unter anderem folgende:

1. Was wird sich in unserem gemeinsamen Leben verändern, wenn du einen anderen Job machst?
2. Werden wir uns einschränken müssen?
3. Werden wir uns öfter oder weniger sehen?
4. Werden wir Dinge tun können, die wir immer schon machen wollten und nicht geschafft haben?

Die zentrale Frage ist jedoch, ob es Argumente gegen den Wandel gibt, die stärker wiegen als die Befreiung des einen Partners aus dem Hamsterrad durch eine erfüllendere Tätigkeit. Das ist der Casus knacksus. Wie im Disput zwischen Nathalie, die aus ihrem alten Job rauswollte, und ihrer Partnerin Eva, die den Verlust des hohen Einkommens nicht akzeptieren konnte, weil es sie ihrer Rolle als Sponsorin berauben würde.

Das sind die Diskussionen, die es zu führen gilt. Da geht es um Materielles, Status, Komfort, Gewohnheit und Bequemlichkeit, mit denen der eine Partner sich so angefreundet hat, dass er deren Verlust als nur mangelhafte Kompensation für das erfülltere Leben des anderen Partners ansieht.

Hier sehen Sie auch schon, warum »Work« und »Life« nicht zu trennen sind, des einen Work ist des anderen Life. Das mag ein Zusammenleben »bis dass der Tod euch scheidet« erzwingen. Fragen Sie sich einfach, ob Sie sich wohlfühlen, das berufliche Glück Ihres Partners zu verhindern, wenn Sie es denn können, um sich Ihr eigenes Glück zu erhalten. Würden Sie das tatsächlich als »Glück« empfinden? Wenn dem so ist, sind wir mit unserem Latein in diesem Buch am Ende. Vielleicht finden Sie im »Handbuch für Spielverderber« oder in »Vendetta für durch den Berufswandel des Partners Erlittenes« Hilfe. Wir wissen aber nicht mehr, wer diese Bücher geschrieben hat. Wir jedenfalls nicht. Vielleicht wollen Sie es ja schreiben.

Emilio verdiente in den letzten Jahren seines Managerlebens sehr gut. Wie sein ehemaliger Chef Henning Schulte-Noelle mal über Managergehälter sagte: »So viele Semmeln, wie wir uns leisten können, können wir zum Frühstück gar nicht essen.«

Zwei von Emilios vier Kindern steckten noch in der Ausbildung, als er 2011 beschloss zu kündigen. Er hat Verpflichtungen gegenüber seiner ersten Frau, und damals waren auch seine Hypothekendarlehen noch nicht abbezahlt.

Der Drang umzusteigen war aber so groß, dass er die angestrebte Veränderung zu einem wahren Kommunikations- und Rechenmarathon machte. Die Hochrechnung seiner Einkünfte im neuen Leben bedeutete das Streichen von zwei Stellen aus dem Jahreseinkommen (und nicht hinterm Komma). Würde der Rest der Familie das mitmachen?

Bedeutete der Wechsel einen Statusverlust für die Familie?

Das wollte alles besprochen werden. Hier half natürlich die Zeitschiene. Da sein Chef ihm bei seiner Kündigung 2011 eröffnete, dass er keine Lust (»keinen Bock«) hatte, sich für den Rest seiner Vertragslaufzeit an einen neuen Kommunikationschef zu gewöhnen, blieben Emilio ganze vier Jahre, um sich auf den Wechsel im Jahr 2015 vorzubereiten. Nicht nur um ein paar Ausbildungen (zum Coach und zum Mentor) zu machen, sondern auch um die vier Jahre noch sehr guten Verdienstes für

Hypotheken, Studium der Töchter usw. zu nutzen, bevor die Zeit bescheidenerer Einkünfte kommen würde.

Glücklicherweise war das alles zwar ganz nett, aber seine Hoffnungen, sein Umfeld auf den geplanten Wechsel einzustimmen, wurden deutlich übertroffen von der Herzlichkeit und der Freude der Töchter, der Exfrau und der zweiten Frau sowie seiner Freunde, ihn zu begleiten, ohne ihm Steine in den Weg zu werfen. »Das wird sich schon alles ergeben. Wir sehen, dass du dir das so sehr wünschst. Dein neues Leben wird uns mehr und bessere Zeit mit dir geben. Also tu es.«

Besser geht's nicht. Aber das kann kein Leitfaden für alle sein. In der Regel läuft es anders.

Wobei Emilio bei seinem Entschluss auch geholfen hat, dass die paar Stimmen, die sehr skeptisch waren, vor allem den Statusverlust anmahnten. Das fiel auf fruchtbaren Boden: Denn Emilio machte sich aus seinem angeblichen »Status« (Hey! Pressesprecher einer oberbayerischen Sterbekasse, nicht Minister, nicht Nobelpreisträger!) ohnehin nicht viel. Er war eher genervt, in Versicherungskreisen »besonders« angeguckt zu werden, nur weil er beim Marktführer arbeitete, als ob ihn das zu einem Auserwählten machte. Ohne diesen »Status« zu leben war für ihn eine Befreiung, kein Verlust.

Und diese Skepsis mancher selbst ernannten Ratgeber bewirkte auch die de facto natürliche, nicht traumatische Distanz von diesen Menschen, die eher an Emilios Funktion interessiert waren als an ihm. Der Verlust dieser paar Menschen in Emilios heutigem Alltag hat ihn nicht auf die Couch des Psychoanalytikers gebracht, er hat sich nicht einmal die paar Namen merken können, denn es waren zum Glück nicht viele. Teil der beruflichen Neuerfindung ist auch die Veränderung des Umfelds. Es kommen neue Bekanntschaften, neue Freundschaften dazu. Nicht alle begleiten einen in das neue Leben. Das ist nur natürlich.

So gern er jeden Tag in den 23 Jahren bei der Allianz gearbeitet hat, so sehr führt Emilio nun ein Leben, das ihn voll und ganz erfüllt, in allen Aspekten. Sie ahnen es, hier wird schon nicht mehr nach Arbeit und Privatleben unterschieden.

Naturgemäß anders lagen die Dinge bei Jannike, als sie sich entschied, das gemachte Bett der Konzernkarriere bei Volkswagen zu verlassen. Als sie die Entscheidung traf, Abstand von ihrem Leben zu gewinnen und noch einmal von vorne anzufangen, war sie 27 Jahre alt und Single. Sie hatte keine Verantwortung für andere Menschen, nur für sich selbst. Sie hatte keinen Kredit, den sie abbezahlen musste. Ohne ihr Umfeld mitzunehmen auf ihre Reise, wäre ihr Umstieg dennoch nicht gelungen. Da der Prozess der Ablösung sich bei Jannike über Jahre erstreckte und sie sich regelmäßig mit ihrer Familie und ihren Freunden über ihre Zweifel austauschte, war niemand überrascht, als schlussendlich die Entscheidung fiel, auszusteigen und sich auf die Suche zu begeben.

Zu diesem Zeitpunkt gab es noch keinen alternativen Plan, sondern nur Ideen, die ständig durch andere ausgetauscht wurden. Ihre erste Idee, ihre Auszeit für einen Masterstudiengang mit einem verlagerten Schwerpunkt zu machen, stieß auf Wohlwollen in ihrem Umfeld. Allen anderen wurde mit den Worten begegnet: »Na, warte mal bis nächste Woche, dann willst du wieder etwas anderes machen.«

Als Jannikes Plan stand, 30 Jobs innerhalb von einem Jahr zu testen, waren alle Optionen mit allen Freunden und Familienangehörigen schon diskutiert worden. Alle fanden den Plan spannend, ohne ihn selbst umsetzen zu wollen. Und alle hätten das Studium vorgezogen, denn dann »hat man hinterher etwas in der Hand«. Nichtsdestotrotz sagten sie Jannike ihre Unterstützung zu. Bei ihren Eltern konnte sie nicht nur ihre Habseligkeiten unterstellen, sondern auch jederzeit auf einen Schlafplatz zugreifen. Ihre Freunde und ehemaligen Arbeitskollegen stellten die ersten Kontakte für ihr Projekt zur Verfügung, sodass die ersten Jobangebote bereits innerhalb kurzer Zeit eintrafen und sie den Startschuss für ihr Projekt geben konnte.

Auch Jannike musste mit der Zeit alte Freundschaften loslassen, andere Menschen, die sie von früher kannte, traf sie durch das Projekt wieder, neue Menschen darf sie heute ihre Freunde nennen. Nach acht Jahren bei Volkswagen lebt sie heute ein ganz anderes Leben. Auch sie unterscheidet nicht mehr zwischen Leben und Arbeit und ist sehr zufrieden.

»Agility« leben –
wenn die eigene Firma mitdenkt

Doch auch jenseits der individuellen Situation der Autoren gibt es einen Kompass, um sein Umfeld abzuchecken und in die Entscheidung einzubeziehen. Was geht bei meinem jetzigen Arbeitgeber? Sollte man ihm und sich selbst noch eine Chance geben? Ist nicht gerade das Wort »Agility«, Wendigkeit, in aller Unternehmensberater Munde? Was heißt denn Agility anderes, als sich auf neue Wege einzulassen? Man kann den Arbeitgeber beim Wort nehmen und eruieren, welche Umstiegschancen es innerhalb der eigenen Abteilung oder gar der ganzen Firma gibt.

Wenn Sie also in einem der nicht wenigen Unternehmen arbeiten, die sich aufgrund des digitalen Wandels oder anderer Veränderungen der Rahmenbedingungen einem Change-Prozess unterziehen, dürften Sie den Terminus »Agility« täglich gelesen oder gehört haben. In Interviews mit der Geschäftsleitung, im Geschäftsbericht, in den Mitarbeiterversammlungen, im Intranet, den unternehmensinternen sozialen Medien und am Kaffeeautomaten. Es ist an der Zeit, das Unternehmen und Ihren Chef zu bitten, Farbe zu bekennen.

Sie wissen mittlerweile, welche Ihrer Stärken nicht genutzt, nicht eingesetzt werden. Sie wissen, dass Sie Ihren Job nicht so ausführen können, dass das Ergebnis so exzellent ist, dass es Ihren hohen Qualitätsansprüchen genügt. Das demotiviert. Sie wissen, aufgrund welcher Zwänge und Regeln, aufgrund welcher Marotten Ihres Chefs es Ihnen nicht möglich ist, mit der notwendigen Selbstständigkeit zu arbeiten. Das bringt auch keine Motivation. Sie erkennen in Ihrer Arbeit nicht (mehr) den Sinn, den sie (hoffentlich) mal hatte. Das sägt der Motivation die Beine endgültig ab. Die Suche nach dem Sinn kann an sich in jeder Tätigkeit eine Antwort finden.

Wenn Sie im Controlling einer Bank arbeiten, dann sorgen Sie mit Ihrer Arbeit nicht nur dafür, dass die Bilanz Ihres Unternehmens wahrheitsgetreu die unternehmerischen Risiken abbildet. Sie leisten einen Beitrag dazu, dass Menschen und Unternehmen Finanzmittel für die Verwirklichung ihrer Pläne erhalten und somit den Wirtschaftskreislauf ankurbeln. Das muss aber nicht jeder Mitarbeiter im Controlling so empfinden. Vielleicht sogar aus gutem Grunde. Durch das neue regulatorische Umfeld machen gerade die neuen Regeln zur Kapitalausstattung es schwierig, den Geschäftszweck so auszufüllen. Das könnte Ihnen in der Kreditabteilung vielleicht besser gelingen. So folgen Sie innerhalb Ihres Unternehmens der Sinnhaftigkeit, die Sie zu diesem Job geführt hatte, wenn sich die (regulatorische) Umwelt verändert.

Eine andere Abteilung, ein anderer Standort, eine neue Aufgabe innerhalb des eigenen Teams – Sie haben allein bei Ihrem jetzigen Arbeitgeber Dutzende von Optionen, sich neu zu erfinden.

Dazu bedarf es aber eines intelligenten Chefs, der nicht nur Manager, sondern Leader ist. Er erkennt Ihre Stärken, er misst seinen eigenen Erfolg auch am Erfolg und der Motivation seiner Mitarbeiter, und er sieht sich als Teil eines großen Führungsteams, das genauso von den Talenten seines Mitarbeiter, profitieren kann wie er selbst. Der deutsche Hockey-Bundes-trainer der Herren Stefan Kermas sagt: «Der erfolgreiche Coach muss ein Team zur Höchstleistung bringen, dem er nicht ange-hört. Er steht nicht auf dem Feld. Er hat nur Erfolg, wenn sein Team bestmöglich spielt.»

Was im Sport gilt, gilt genauso im Unternehmensalltag. Ein guter Trainer ist wie ein guter Chef.

Und diese Chefs gibt es, zum Glück. Damit der innerbetrieb-liche Umstieg aber gelingt, hängt dieser nicht vom Chef allein ab, sondern vor allem von Ihnen.

Ein großes Missverständnis im Arbeitsleben hat mal Giovanna auf den Punkt gebracht, eine Coaching-Kundin, die sich fragt: »Welchen Plan hat meine Firma mit mir? Wie wollen mich meine Vorgesetzten entwickeln, was schwebt ihnen vor?« Die Personal-entwicklung hängt entscheidend von Ihnen selbst ab, nicht von Ihrem Chef oder Ihrem Arbeitgeber. Wenn Sie gut in Ihrem Job sind und nicht wechseln wollen, so freut sich jeder in Ihrer Firma. Da wäre es töricht, sich Gedanken über Ihre Zukunft zu machen. Läuft doch. Bei der Allianz galt auch schon zu Emilios Zeiten: »Um weiterzukommen, bedarf es hier zweier Dinge: Einen exzel-lenten Job machen und sich melden, dass man weiterkommen möchte.« Es ist also an Ihnen, die Initiative zu ergreifen.

An dieser Stelle sei schon mal gewarnt: In vielen Unterneh-men setzen sich die Chefs aus den falschen Gründen für Ihr Weiterkommen ein. Sollten Sie nämlich nicht gut performen und Ihr Vorgesetzter hat nicht den Mumm, Ihnen das klar zu sagen und mit Ihnen in den Clinch zu gehen, wird er Ihnen goldene Brücken bauen, damit Sie die heiße Kartoffel eines an-deren Abteilungsleiters werden. Oft werden diese Mitarbeiter »weggelobt«, und der neue Abteilungsleiter bekommt einen Underperformer untergeschoben.

Das kann aber auch Ansichtssache sein. Denn vielleicht will Sie Ihr Chef ja nur wegloben, weil Sie ein kritischer Geist sind und er gerne nur Jasager um sich hätte. Dann können Sie in einem anderen Kontext beweisen, dass Sie gut sind und gedeihen. Dann habe Sie beide, Ihr neuer Chef und Sie selbst, etwas davon. Dabei spielt Ihre Leistung die entscheidende Rolle. Und je näher Sie an Ihren Stärken, ja an Ihrer Berufung arbeiten, umso besser leisten Sie.

Die Personal- und Führungskultur in Ihrer Firma

Es ist leichter, innerhalb von Unternehmen zu wechseln, wenn diese den Sprung vom Schwächenmanagement zum Stärkenmanagement gemacht haben. Wenn in der Einschätzung der Performance der Mitarbeiter das Energie- und Leistungspotenzial erkannt wird, das in der Hebelung der Stärken besteht.

Die Personalentwicklung in der Unternehmenswelt ist grob in drei Bereiche geteilt.

Ein Teil hängt immer noch der Vorstellung nach, dass es darum geht, die Schwächen der einzelnen Mitarbeiter zu erkennen und in Stärken zu verwandeln. Das sind die Basketballteams, bei denen einen Meter fünfzig große Männer aufgefordert werden, sich zu strecken, mehr zu essen und … na ja, irgendwie größer zu werden. So gewinnt man keine Meisterschaften. Aber es überleben immer noch einige dieser Unternehmen. Kein besonders günstiges Umfeld für einen internen Wechsel.

Dann gibt es einen immer größer werdenden Teil von Unternehmen, die sich den schlichten Fakten nicht verschließen können, dass das Hebeln der Stärken der Mitarbeiter eine höhere Leistung erlaubt. Diese haben ihre Performance-Systeme umgestellt, haben Jobprofile erstellt, die für die einzelnen Jobs notwendigen fachlichen, sozialen und führungsmäßigen Stärken identifiziert. Sie versuchen nun, dieses Performance-System umzusetzen. Aber diese neuen Grundsätze werden (noch) nicht gelebt. Die Führungskräfte sind nicht wirklich mit auf die Reise genommen worden und wissen nicht, wie man Stärketests einsetzt, woraus Motivation besteht (»eine Gehaltserhöhung, natürlich!«) und wie man dem Mitarbeiter zuhört. Aber es ist einen Versuch wert. Vielleicht hat Ihre Chefin verstanden, dass das neue Performance-Management nicht etwa eine zusätzliche bürokratische Belastung für sie als Führungskraft ist, sondern auch eine Chance, die Performance ihres Teams zu verbessern und damit dem eigenen Unternehmen (und ihrer eigenen Karriere) zu dienen. Wir würden raten, den Dialog zu suchen und den Chef und das Unternehmen bei ihren eigenen Buzzwords (Agilität, Flexibilität, Veränderung, Entwicklung) zu packen: Geben Sie Ihrem Unternehmen eine Chance.

Schließlich gibt es schon eine ganze Reihe von Unternehmen, in denen die Führungskräfte zunehmend lernen, wie sie mit den eigenen und den Stärken ihrer Mitarbeiter umgehen, um die Leistung und die Motivation zu verbessern.

Das beeindruckendste Buch über Personalführung ist das alte Personalhandbuch von General Electric, das mittlerweile auch veröffentlicht wurde und nun jedem zugänglich ist.[23] Dort wird darauf hingewiesen, dass es ein Zeichen von Leadership ist, wenn man am Ende der Woche zwei oder drei Dinge von seinen Mitarbeitern weiß (Privates, Berufliches, Anekdoten, Fragestellungen). Wer am Ende der Woche keine Tuchfühlung zu seinem Team hatte, macht schon mal etwas falsch …

Wenn Sie aber das Glück haben, in einem Unternehmen zu arbeiten, das eine gute Führungskultur hat, lassen Sie die Chance nicht verstreichen. Es ist fair gegenüber Ihrer Chefin und den Jahren Gehalt, die Sie für Ihre Arbeit bekommen haben.

In einem Unternehmen zu arbeiten, in dem die Führungskräfte und die Mitarbeiter einen echten Dialog führen und sich gegenseitig zuhören, könnte sich als Glücksfall für den Umstieg erweisen. Und als Lottogewinn für Ihren Arbeitgeber.

Etwas alt und etwas neu – über die Vorzüge der Teilzeitarbeit

Haben Sie zum Beispiel schon mal über Teilzeitarbeit nachgedacht? Haben Sie vielleicht dabei gedacht, »ja, aber ich kann es mir nicht leisten, von der Hälfte meines Gehalts zu leben ...« ? Aha. Als ob Sie dann den Rest der Zeit gezwungen wären, in der Hängematte zu liegen.

Teilzeit kann der erste Schritt zur Loslösung sein. Es erlaubt, Neues auszuprobieren und nicht ganz die Sicherheiten des festen Jobs (Sozialversicherung etc.) zu verlieren. Einen ersten Schritt zu gehen, um Sicherheit und Freiheit parallel auszuprobieren, kann vollkommen neue Horizonte eröffnen. Der sanfte Übergang von Beruf zu Berufung kann wunderbar über Teilzeitlösungen eingeleitet werden. Die eine probiert 30 Jobs in einem Jahr aus, der andere reduziert seine Arbeitszeit auf 80 Prozent und beginnt, am neuen Leben zu werkeln.

Sie können die frei gewordene Zeit nutzen, um eine selbstständige Tätigkeit auszuprobieren. Achten Sie dabei aber auf eventuelle Klauseln in Ihrem Arbeitsvertrag, die das schwierig machen könnten. Bei einem guten Chef lässt sich immer eine Lösung finden, wenn Sie nicht gerade ein Konkurrenzunternehmen zu Ihrem Hauptarbeitgeber gründen. Sie üben am Trapez, aber mit Sicherheitsseil und Auffangnetz.

Bei Teilzeit fällt einem doch was ein, war da nicht was? Ach ja! Teilzeit ist das, was die Mütter machen, um Familie und Beruf zu vereinbaren, oder? In etwa. Doch das führt wieder zur zentralen Frage des Umfelds: die Familie und der Freundeskreis, der Partner.

Doch bevor wir dieses Feld verlassen, sei noch mal der Elefant im Raum angesprochen, wie die Angelsachsen sagen, also das größte Problem, um das man gerne herumredet, auch wenn es immer präsent ist: der Chef. Gute Chefs gibt es, selbstverständlich. Aber nicht jeder Angestellte hat das Glück, einen solchen Vorgesetzten zu haben.

Wenn der Chef das Problem ist

Oft, öfter als man denkt, ist der Chef das Problem. Firma gut, Marke gut, Produkte gut, Kollegen gut, aber der Chef ist ein Monster. Dann kann Veränderung nur bedeuten, sich einen anderen Chef zu suchen.

Sind wirklich alle Führungskräfte in dieser tollen Firma so schlecht wie der eigene Chef? Dann ist die Firma vielleicht gar nicht so toll.

Jedenfalls ist der wichtigste einzelne Kündigungsgrund der Chef. Alle anderen Gründe machen die restlichen 50 Prozent aus.[24] Dann kann es sich mal lohnen, einen Wechsel zu einer besseren Führungskraft zu versuchen.

Wie kann man einen guten Chef erkennen? Moritz arbeitet in seinem Traumunternehmen. Er steht voll und ganz hinter den Produkten, er mag seine Kollegen, er hat den idealen Job, wie er ihn sich immer so gewünscht hatte.

Doch er hat einen schlechten Chef. Sein Boss, Niels, ist launisch wie eine Diva, heute so, morgen so. Kein Termin wird eingehalten, Entscheidungen werden verschoben und E-Mails nicht beantwortet. Jede – irgendwie ertrotzte Rücksprache – fängt damit an, dass Niels Moritz vorwirft, was er in den letzten Wochen alles falsch gemacht hat. Das Hauptproblem ist aber ein anderes: Durch sein Verhalten demotiviert Niels nicht nur Moritz, er baut die größte Hürde für eine Weiterentwicklung seines Mitarbeiters auf, denn er hat kein Interesse an ihm. Er hört ihm deshalb nicht zu. Ihn interessieren auch die Stärken von Moritz nicht, Hauptsache der Job wird irgendwie erledigt, ohne lästiges Drumrum.

Ein guter Chef informiert schnell, klar und anschaulich. Ein guter Chef hört zu. Ein guter Chef befähigt, mentort und coacht seinen Mitarbeiter. Ein guter Chef lässt los und überträgt Verantwortung, auch Fehler und Missgriffe einkalkulierend. Einen guten Chef sieht man nicht, er verschwindet hinter seinen Mitarbeitern. Kann man übrigens im Tao nachlesen.

Wenn die Chefin also klare Ansagen macht, kommunizieren kann, Stärken hebelt und Macht für mehr Selbststeuerung abgibt, dann wachsen all ihre Mitarbeiter, sie entwickeln sich, sie sind motiviert und engagiert bei ihrer Arbeit. Emilio hat diese Art des guten Chefs, den Listening Leader, in einem Buch im Jahr 2017 beschrieben.[25] Eine schlechte Führungskraft verdient keine engagierten, leistungsfähigen Mitarbeiter, so einfach ist es.

Es ist an der Zeit, den Chef zu wechseln. Wahrscheinlich sind nicht alle Führungskräfte in Ihrem Unternehmen so unfähig wie Ihr Chef. Schauen Sie sich nach den guten Führungskräften in der eigenen Firma um, natürlich auch, wenn Sie selbst Führungskraft sind. Bündeln Sie Ihre Energien mit denen des Teams und des neuen Chefs, um besser zu leisten und einer erfüllteren Arbeit nachzugehen.

Es spielen also mehrere Faktoren in Ihrem beruflichen und privaten Umfeld eine Rolle. In der Unternehmenssprache sind das die Stakeholder, die Interessengruppen, die ein aktives Interesse am Unternehmen und, in diesem Falle, an Ihrem beruflichen Schicksal haben. Da kann Ihnen ein Raster helfen, das Emilio einmal für die Topmanager seiner Firma entwickelt hatte.

Sie nehmen ein Blatt Papier und legen es quer. Auf der linken Seite führen Sie die Stakeholder auf (Ihr Arbeitgeber, Ihr Chef, Ihr Team, Ihre Familie). Auf der rechten Seite in der ersten Zeile schreiben Sie wichtige Fragen auf, die Elemente Ihres Plan-

	Was sollte ich beibehalten?	Was sollte ich sofort ändern?	Größte Hürden auf dem Weg zum Erfolg	Potenziale, die wir nutzen sollten	Wo stehen wir auf einer Skala von 0-10?	Was sollten wir tun, um die 10 zu erreichen?
Mein(e) Chef(in)						
Meine Peers aus anderen Abteilungen						
Meine Kunden						
Lieferanten						
Unternehmens-kommunikation zu: • Medien • NGO's • Strategie • Social Media						
Personalabtei-lung zu • Weiterbildung/ Entwicklung • Arbeitsplatz-flexibilität						
Investor-Rela-tions-Abteilung zu Investoren						
Compliance ...						

entwurfs von Kapitel 4 auf S. 85: der Ort, die Art von Tätigkeit, die Form der Tätigkeit. Und vielleicht eine Frage: Was müsste passieren, damit auch der jeweilige Stakeholder von Ihrem Umsteigen profitiert?

Das kann einem als Gesprächsraster für das Abfragen des Umfeldes behilflich sein, vor allem kann es auch als Ihr Logbuch beim Ausprobieren dienen. Jeder Versuch kann so vorbereitet, aber auch dokumentiert werden, um daraus zu lernen und sich weiterzuentwickeln.

Haben Sie bei dieser Abfrage nicht von allen Seiten Applaus für Ihre Absichten geerntet? Passiert. Jetzt können Sie testen, ob das nur eine Bierlaune war oder ob Sie wirklich umsteigen wollen, auch gegen den einen oder anderen Widerstand. Zumindest haben Sie versucht, alle Stakeholder mitzunehmen und sie für Ihre Pläne zu begeistern.

	Was sollte ich beibehalten?	Was sollte ich sofort ändern?	Welche Hindernisse verhindern den Erfolg?	Potenziale, die wir nutzen sollten	Wo stehen wir heute auf einer Skala von 1-10?	Was sollten wir tun, um die 10 zu erreichen?
Aufsichtsrats-chef/in						
Vorstandskol-legen						
Normale Mitarbeiter						
Werkstudenten /Millennials						
Gewerkschaft/ Betriebsrat						
Investoren/ Buy-Side-Analysten						
Sell-Side Analysten						
Journalisten						
Aufsichtsbehör-den						
Nachbarn						
Kunden						
Vertriebs-partner						
...						

Wenn das nicht bei allen gelungen ist, haben Sie vielleicht zu-mindest so viel Beißhemmung bei den Skeptikern erzeugt, dass Ihnen keine zusätzlichen Steine in den Weg gelegt werden. Wenn Ihnen die Hürden als unüberwindbar erscheinen, haben Sie noch nicht das Richtige versucht. Vielleicht kommen Sie für ein individuelles Coaching infrage, oder vielleicht ist der An-trieb zum Wechsel doch nicht so groß wie beim Kauf dieses Bu-ches. Sie haben es ja nur von jemandem geschenkt bekommen, der es gut mit Ihnen meinte, und in Wirklichkeit suhlen Sie sich extrem gerne in Selbstmitleid? Sorry, dumm gelaufen.

Kapitel 6
Die ersten Schritte – ausprobieren, ausprobieren, ausprobieren
(Jannike)

Die grandiosesten Pläne scheitern am Schreibtisch. Alles will perfekt geplant sein für den Umstieg: Sie kündigen erst, wenn Sie den neuen Job haben. Sie wollen genau wissen, was Sie bekommen, also lesen Sie alles darüber. Sie surfen stundenlang durchs Internet und holen Bewertungen über den möglichen neuen Arbeitgeber ein. Sie drucken sich die Ranglisten der besten Arbeitgeber aus und kontrollieren das Ranking der Firma, bei der Sie vorhaben, sich zu bewerben. Sie wollen jetzt fünf Jahre dies und danach fünf Jahre das machen. Am besten planen Sie Ihren Umstieg 100 Prozent. Wahrscheinliches Ergebnis dieser Vorgehensweise: In ein paar Monaten beginnen die selben Zweifel von vorne, Sie haben sich nicht wirklich weiterbewegt.

Wir alle haben Angst vor dem Umsteigen, deshalb möchten wir die Risiken vermeiden oder zumindest minimieren. Eine Kombination aus Träumen einerseits und Ausprobieren des neuen Lebens andererseits ist empfehlenswert. Wie beim Kochen gilt: probieren und abschmecken. Sie würden nicht zehn wichtige Gäste einladen und ein vollkommen neues Rezept anbieten, das Sie nie vorher gekocht und auch beim Zubereiten kein einziges Mal abgeschmeckt haben. Auch wenn Sie sich an das beste Rezept halten, garantieren können Sie das Ergebnis nicht. Das Kalkulieren des Risikos hält uns oft vom ersten Schritt ab.

Uns ging es vor unseren Wechseln ganz ähnlich. Emilio grübelte mit über fünfzig, ob er überhaupt noch einmal neu anfangen sollte. Ob die neue Tätigkeit ihn und seine Familie finanzieren würde. Jannike fragte sich, ob sie mit unter dreißig schon eine Auszeit nehmen und sich umorientieren dürfe. Ob sie überhaupt in der Lage wäre, die richtige Wahl für ihr neues Leben zu treffen. Ihre Ersparnisse und ihre Energie würden nur für einen einzigen Neuanfang reichen. Außerdem, würde es nicht irgendwann auch einmal Zeit, sesshaft zu werden und eine Familie zu gründen? Die nächste Jobwahl musste also sitzen. Der selbst gemachte Druck stieg.

Sowohl Emilio als auch Jannike entschieden sich vor der endgültigen Entscheidung für einen neuen Job für das Ausprobieren – allerdings auf ganz unterschiedliche Art und Weise. Emilio wünschte sich, als Coach zu arbeiten. Er entschied sich für eine anspruchsvolle Ausbildung zum Coach in London, die er nebenberuflich absolvierte. So konnte er noch während seines Arbeitsverhältnisses erste Erfahrungen als Coach sammeln, regelmäßige Coaching-Sitzungen mit Klienten waren Bestandteil der Ausbildung. Jannike wiederum fehlte eine klare Richtung. Jede Woche hatte sie eine andere Idee, was sie werden könnte. Zu viele Optionen machen eine Entscheidung allerdings nicht unbedingt einfacher. Dass jeder auch verschiedene Berufswünsche für sich überprüfen darf, zeigte ihr das Beispiel der Belgierin Laura von Bouchout. Sie testete verschiedene Jobs, um Orientierung zu finden. Schließlich testete Jannike nicht nur all ihre Ideen, sondern noch weitere, um sich selbst und ihre beruflichen Thesen zu hinterfragen.

Der Vorgang des Ausprobierens bei der Umorientierung ist nur logisch, werfen Sie einmal einen genaueren Blick auf die Thematik. Wie wollen Sie auch die Arbeitswelt mit all ihren Optionen und Facetten durch blankes Nachdenken begreifen? Gleiches gilt auch für die eigene Person. Wir alle sind vielfältig und zu großen Teilen unerforscht. Deswegen hilft es, die eigenen Thesen über sich selbst und über einen potenziellen Job in der Realität zu überprüfen. Das verhilft nicht nur zu einer besseren Entscheidung für den beruflichen Werdegang, sondern lindert auch den Entscheidungsdruck. Die Thesen müssen nun nicht mehr perfekt sein. Viele Menschen verändern mit dem eigenen Anspruch einer perfekten Entscheidung lieber gar nichts. Testet man seine Ideen zuerst in der Realität, sind Investition und Risiko geringer. Auch Ideen, von denen man nur zu 80 Prozent überzeugt ist, können so einfach getestet werden. Das Ausprobieren bietet noch weitere Vorteile im Gegensatz zur herkömmlichen Entscheidungsfindung: Sie bauen bereits ein erstes Netzwerk in einem neuen Bereich auf. Der Kontakt mit Menschen im Wunschberuf und der Austausch über die Erfahrungen bringen wertvolles Feedback, machen Mut und motivieren.

Eine Zen-Geschichte erklärt einen weiteren positiven Aspekt des Ausprobierens: Ein Schüler wollte Juwelier werden und ging deshalb zum Meister. Tagelang, monatelang, jahrelang ging er jeden Tag zum Meister, der ihm zur Begrüßung eine Jadekette in die Hand gab und dann mit dem Schüler über das Tao, den wahren Weg redete. Nach Jahren traute sich der Schüler, den Meister zu fragen: »Meister, ich will Juwelier werden, aber ich lerne das nicht bei dir. Seit Jahren reden wir nur über das Tao. Wieso?« Der Meister gab ihm die Kette und sagte: »Komm, nimm die Jadekette.« Darauf der Schüler: »Aber das ist keine Jade, Meister«

70 Prozent des Lernens erfolgt durch Praxis, Tun, Ausprobieren. Durch das tägliche Berühren der Jade, bis man die echte von der falschen unterscheiden kann. Genau das empfehlen wir Ihnen: Lernen Sie die Jade von ihrem Imitat zu unterscheiden. Und das geht nur da draußen auf dem Arbeitsmarkt.

Zwei Ressourcen spielen beim Ausprobieren eine wichtige Rolle: Zeit und Geld. Häufig gehen sie Hand in Hand, da wir in einer Welt leben, in der die meisten von uns Zeit gegen Geld tauschen. Die Frage, wie viel Einkommen Sie wirklich brauchen, ist für mehrere Aspekte relevant. Zum einen könnten Sie darüber nachdenken, ob Sie sich eine Reduzierung der Arbeitszeit leisten können, um mehr Zeit zum Ausprobieren zu bekommen. Zum anderen ist diese Frage auch im Hinblick auf die spätere Jobwahl relevant, da Sie in manchen Bereichen gegebenenfalls eine gehaltliche Einbuße hinnehmen müssen. Das Ausprobieren gilt daher nicht nur für das Kennenlernen neuer Jobs, sondern auch für eine Überprüfung des eigenen Lebensstandards. Wie viel Einkommen haben Sie derzeit? Was brauchen Sie wirklich zum Leben und worauf können Sie verzichten? Wie wäre es, wenn Sie eine Zeit lang von einem abgespeckten Budget leben müssten? Würden Sie das schaffen? Müssten Sie auf vieles verzichten? Oder brauchen Sie vielleicht weniger, als Sie sich heute vorstellen können? Jannike testete das vorab mittels einer konsumfreien Zeit und eingeschränktem Lebensstandard. Wo sie sich zuvor keine Abstriche vorstellen konnte, merkte sie schnell, dass das, was sie sich mit Geld kaufen konnte, für sie kein Glück bedeutete. Und der Verzicht im Umkehrschluss kein Unglück. Besonders deutlich wurde ihr das während ihrer Pilgerreise auf dem Jakobsweg, auf der sie merkte, dass sie all ihren Besitz nicht wirklich brauchte, um glücklich zu sein. »Reisen mit leichtem Gepäck« ist also das Ausprobieren eines neuen (bescheideneren) Lebensstandards, bei dem Sie überprüfen können, ob Glück materiell ist. Ob Sie die oft gehörte Floskel »Ich kann mit der Hälfte leben, Hauptsache ich mache etwas, was mir gefällt« in die Tat umsetzen können. Können Sie das wirklich?

Für das Ausprobieren brauchen Sie Zeit. Keine Sorge, Sie brauchen Ihren Job für das Ausprobieren nicht an den Nagel zu hängen und auch Ihre Familie nicht von Dosennahrung zu ernähren. Das Ausprobieren lässt sich in verschiedenen Intensitäten mit unterschiedlichem Zeitaufwand angehen. Jetzt ist es aber erst einmal an der Zeit, im Ohrensessel, am Schreibtisch oder beim Abendessen mit Ihrer Familie einen Plan zu schmieden, bei dem Sie sich die Zeit nehmen können, ein Stück Ihrer möglichen Zukunft schon mal zu schmecken, zu riechen, zu berühren. Und das können Sie im oder neben dem »alten« Job schon machen.

Denken Sie um: Falls Sie keinen Job als Profifußballer finden, werden Sie Trainer oder Kommentator

Viele Wege führen bekanntlich nach Rom. Gerade in der Arbeitswelt eröffnen sich immer mehr Optionen, es entstehen neue Berufe, und Tätigkeiten werden immer spezieller. Wenn es an das Ausprobieren Ihrer beruflichen Träume geht, möchten wir Sie ermutigen, auch einmal quer zu denken. Nehmen wir einmal an, dass Sie über einen drastischen Berufswechsel nachdenken und aus dem Lehrberuf kommend Arzt werden wollen. Bevor Sie das Studium und den langen Weg dorthin auf sich nehmen, wollen Sie aber Gewissheit. Sie möchten erfahren, wie es ist, derart intensiv und nah mit Menschen zu tun zu haben, und wollen überprüfen, ob Sie wirklich Blut sehen können. Wenn Ihre Suche nach einem Probeeinsatz als Arzt schleppend verläuft, dann wundert uns das nicht. Der Arztberuf gehört zu den ganz sensiblen Professionen, wo ein Einblick nicht so leicht zu organisieren ist. Aber es gibt auch andere Möglichkeiten, Antworten auf Ihre Fragen zu erhalten. Wie wäre es zum Beispiel, wenn Sie freiwilliger Helfer bei der nächsten Blutspende in Ihrem Ort werden? Oder wenn Sie beim Roten Kreuz als Ehrenamtlicher im Sanitätsdienst arbeiten? Hier würden Sie zwangsläufig Ärzten über den Weg laufen, zu denen Sie eine Beziehung aufbauen und die Sie ausfragen können. So können Sie prüfen, ob Sie in Ihrem Element sind. Manche Träger bieten Kandidaten, die sich gut machen und interessiert sind, sogar die Kostenübernahme für die Ausbildung als Sanitäter an. Vielleicht wollen Sie aber auch Psychologe werden. In diesem Bereich ist es ebenfalls nicht so einfach, eine Möglichkeit zum Ausprobieren zu finden. Alternativ bietet sich das Sorgentelefon an, bei dem Sie ehrenamtlich auf die Sorgen und Nöte Ihres Anrufers eingehen und Hilfestellung anbieten können. Auch hier wird die Ausbildung in der Regel vom Träger übernommen. Denken Sie daran, es sind die Tätigkeiten und nicht der Job selbst, die Sie testen wollen, und die finden Sie womöglich auch in einem anderen Kontext. Egal, was es ist: Denken Sie um die Ecke, es gibt viele Wege, über die Sie sich Ihrem Ziel annähern können!

Zeit: Gut Ding will Weile haben

Doch vorher noch eine wichtige Prämisse. Der Weg in ein erfülltes Leben ist kein Ding von ein paar Wochen. Herminia Ibarra, Psychologin und Professorin an der Business School Insead in Fontainebleau sowie Autorin des Buches »Working Identity«, spricht von circa drei Jahren, die man braucht, um vom Bauchgefühl »Ich will mich befreien, ich will mein Berufsleben verändern« bis zur tatsächlichen Erreichung des neuen Berufsglücks zu kommen.

Das heißt nicht, dass Sie ab heute mit genau drei Jahren rechnen müssen, um Ihr Ziel zu erreichen. Denn es kann gut sein, dass Sie diesen Entschluss schon vor ein paar Jahren gefasst haben und sich nur fragen, wie Sie es anstellen. Dann sind Sie auch schon weiter. Und es geht jetzt nicht um vier Monate mehr oder weniger. Für besonders Mutige (oder Waghalsige?) geht es viel schneller.

Wir empfehlen allerdings einen längeren Zeitraum als ein paar Monate. In einer idealen Welt haben Sie ein fettes Konto, kündigen und nehmen sich zwei Jahre Zeit, um alles auszuprobieren. Haben Sie aber wahrscheinlich nicht. Wie können Sie sich dennoch die Zeit herausschneiden, die Sie unbedingt brauchen, um diese Transformation erfolgreich über die Bühne zu bringen und am Ende ein tatsächlich glücklicheres Arbeitsleben zu haben, auch ohne fettes Konto?

Es gibt für einen Angestellten dazu eine Reihe von Möglichkeiten:

Ihr Jahresurlaub: Warum nicht eine Woche, vielleicht gar zwei Wochen des Jahresurlaubs in Ihr neues Leben investieren? Gehen Sie in Vorleistung, und anstatt den gesamten Urlaub auf der Sonnenliege zu verbringen, können Sie mal ausprobieren, wie es ist, in einem Touristencafé zu arbeiten, so wie Sie sich das für Ihre eigene Zukunft vorstellen. Wolfgang, Vorstandsmitglied einer mittelgroßen Raiffeisenbank im Ruhrgebiet, hegte genau diesen Traum, ein Café an der Côte d'Azur zu betreiben. So hat er drei Jahre lang in den zwei Wochen, die er mit Frau und Kind an der französischen Riviera war, jeden Tag ein paar Stunden Schicht in verschiedenen Cafés übernommen, mal als Kellner, mal an der Kasse, mal in der Küche. Er hat dafür kein Geld verlangt, und der Cafébesitzer, den er schon seit Jahren kannte, war recht froh um diese Aushilfe, die er nicht einmal zu bezahlen brauchte. So bekam er auch gleich den Job. Und er konnte lernen. Wolfgang betreibt heute übrigens kein Café an der Côte d'Azur. Die Erfahrungen haben ihm gezeigt: Das war ein eskapistischer Traum. Die Vorstellung, ein Café zu betreiben, und die Realität waren zu unterschiedlich. Aber genau deshalb braucht man Zeit: Es kann nämlich auch sein, dass unsere

Ideen sich doch nicht als so gut erweisen, wie sie zunächst schienen. Wenn wir sie im Urlaub ausprobieren, können wir etwas Neues kennenlernen, gehen aber kein Risiko ein. Wenn Sie dazu allerdings nicht bereit sind, sondern eine – wie die Bayern sagen – »g'mahde Wies'n« haben möchten (oder ein gemachtes Bett), dann ist es vielleicht nicht so weit her mit Ihrem Wunsch nach Veränderung.

Unbezahlter Urlaub: Sie haben auch Anrecht auf unbezahlten Urlaub. Wenn Sie also nicht auf Ihren Urlaub oder Teile davon verzichten wollen, nehmen Sie sich ein paar Wochen unbezahlten Urlaub. Rechnen Sie vorher den Gehaltsausfall pro Tag aus, und überlegen Sie, wie viel Zeit Sie sich leisten können.

Das Wochenende: Auch am Wochenende können Sie Neues ausprobieren. Stefanie, die Vertriebsassistentin aus Regensburg, die Emilio vor ein paar Jahren besuchte, wollte Kurse in Jin Shin Jyutsu anbieten und das Dasein als Verkäuferin von Büromöbeln hinter sich lassen. Jin Shin Jyutsu ist eine mehrere Tausend Jahre alte Kunst zur Harmonisierung der Lebensenergie im Körper. Doch wer in Niederbayern und der Oberpfalz wird schon dafür Geld ausgeben? Stefanie hat ein Jahr lang fast jedes Wochenende ihre Kurse angeboten und unter der Woche in ihrem Betrieb gearbeitet. So hat sie gelernt, welche Preise sie verlangen kann, was genau die Teilnehmer von ihren Workshops erwarten und womit sie zufrieden sind. Nach zwei Jahren mit insgesamt über 60 Wochenendworkshops ist sie jetzt bereit, zu kündigen und sich ganz ihren Kursen zu widmen. Sie weiß, wie viel Umsatz realistisch ist und wie sie die Teilnehmer so glücklich macht, dass diese ihre Kurse weiterempfehlen.

Teilzeit: Reduzieren Sie Ihre wöchentliche Arbeitszeit, wenn Ihnen das finanziell möglich ist. Karin, eine Personalerin in einer Digitalagentur, stieg auf eine Viertagewoche um und nutzte ihre Montage, um sich auszuprobieren. Nachdem sie die ersten Montage mit Einkäufen und Erledigungen verschwendet hatte, suchte sie sich eine Freundin, der gegenüber sie sich verpflichtete, regelmäßig über ihre Aktivitäten und Fortschritte zu berichten.

Sabbatical: Immer mehr Firmen bieten ihren Mitarbeitern an, nach einer bestimmten Anzahl von Jahren Betriebszugehörigkeit ein Sabbatical zu nehmen. Bei den Beamten heißt das »sich beurlauben lassen«. Dabei gibt es nicht das volle Gehalt, aber Sie können danach in Ihren alten Job zurückkehren. Wir haben viele Menschen kennengelernt, die dieses Sabbatical nicht optimal genutzt haben. Auf einmal waren die sechs oder die zwölf Monate vorbei, und außer einem schönen, langen Urlaub ist nichts geblieben. Das kann ja auch ganz schön sein. Aber wenn Sie diese Zeit auch nutzen, um etwas Neues auszuprobieren, können Sie der Verwirklichung Ihrer Vorstellungen zu einem neuen Arbeitsleben näherkommen.

Formen des Ausprobierens

Wie Sie sich Freiraum zum Ausprobieren schaffen können, wissen Sie nun. Fast so viele Möglichkeiten bieten sich Ihnen, wenn es um die Form des Ausprobierens geht. Je nachdem, wie viel Zeit Sie in Ihre Umorientierung investieren können, sind einige Varianten besser geeignet als andere.

Interviews: Die sanfteste Art des Kennenlernens eines neuen Jobs ist das Interview. Gleichzeitig ist sie sehr effektiv. Suchen Sie sich dazu eine Person, die bereits in dem Beruf arbeitet, den Sie anvisiert haben. Bei Jannike hat es sich bewährt, dass sie nur leidenschaftliche Personen begleitet und ausgefragt hat. Je glücklicher eine Person in ihrem Job war, desto umfangreichere und tiefergehende Informationen erhielt Jannike. Wenn Sie sich fragen, ob Sie einfach so einen Ihnen fremden oder wenig bekannten Menschen ansprechen und über seinen Beruf ausfragen können, lautet die Antwort: Ja! Haben Sie keine Angst vor Zurückweisung oder davor, dieser Person auf die Nerven zu gehen. Jeder redet gern über sich selbst und Themen, denen er leidenschaftlich nachgeht, wenn beim Gegenüber ehrliches Interesse vorhanden ist. Teilen Sie Ihrem Interviewpartner daher mit, warum Sie mit ihm über seinen Beruf sprechen möchten. Fragen Sie ihn aus, wie sich der Job für ihn darstellt, wie ein typischer Arbeitstag aussieht und was die besten Momente sind. Ihnen werden im Gespräch weitere Fragen einfallen. Vertrauen Sie darauf, seien Sie offen, und hören Sie wirklich zu. Je präsenter Sie sind, desto mehr können Sie aus dem Gespräch für sich herausziehen. Fragen Sie alles, was Sie über den Beruf wissen möchten. Das ist Ihre Chance, Informationen aus erster Hand zu erhalten und einen ersten Realitätsabgleich zu machen. Gerade innerhalb einer Firma sind Interviews einfach zu organisieren und bergen noch einige attraktive Nebeneffekte: Sie können die eigenen Arbeitsabläufe infrage stellen, Inspiration bekommen und lernen Ihre Kollegen endlich mal persönlich kennen, anstatt wie sonst immer nur per E-Mail zu kommunizieren. Nutzen Sie das persönliche Gespräch oder aber zumindest das Telefon. Ihr Chef dürfte nichts dagegen haben, schließlich fördern Sie gegenseitiges Verständnis und bauen Ihr Netzwerk aus.

Working-Out-Loud-Methode: Die Methode des «Laut Arbeitens« wurde von dem Amerikaner John Stepper[27] erfunden, als er mit einer betriebsbedingten Kündigung konfrontiert wurde. Der Verlust seines Jobs traf ihn hart. Das Schlimmste daran für ihn war, dass er keine Kontrolle über diesen doch wesentlichen Teil seines Lebens zu haben schien. Das wollte er ändern und machte es zu seinem persönlichen Ziel, einen Weg zu finden, für die eigene Arbeit wieder die Zügel in die Hand zu nehmen. Bei seiner Recherche traf er immer wieder auf Menschen, die sich ihre Jobs auch innerhalb von Firmen selbst geschaffen zu haben schienen, und entdeckte ein Muster, das sich im Vorgehen aller Personen deckte. Eine von Steppers Bekannten studierte beispielsweise als eine von drei Frauen Computerwissenschaften und wünschte sich sehnlichst mehr Diversität in ihrem Studiengang und dem anschließenden Berufsumfeld. Sie fragte sich, was sie zur Verbesserung der Situation beitragen konnte, und organisierte Events und Hackathons, um ein Bewusstsein für das Problem zu schaffen. Sie startete ein Blog und teilte ihre Erfahrungen und ihr Wissen und konnte sich so mit anderen vernetzen, die sich mit ähnlichen Themen beschäftigten. Sie sammelte Geld und organisierte weitere Events, zu denen Frauen aus den verschiedensten Firmen kamen. Während ihrer Tätigkeit lernte sie Dinge wie Fundraising, Presseberichterstattung und Unternehmenspartnerschaften. Sie lernte immer mehr Menschen und Möglichkeiten kennen. Schließlich entstanden aus ihren Bemühungen eine Organisation und ein Vollzeitjob. Das kann auch innerhalb von Organisationen so funktionieren. Dafür müssen Sie Ihr eigenes Ziel definieren, für das Sie sich einsetzen wollen, um dann zu überlegen, was Sie tun und mit anderen Menschen teilen können, die Ihnen beim Erreichen Ihres Zieles behilflich sein können. Bauen Sie bedeutsame Beziehungen auf, und tragen Sie zur Gemeinschaft bei mit allem, was für Ihre Kontakte hilfreich sein könnte. Das kann bei Facebook-Likes oder Kommentaren unter Artikeln anfangen, über die Veröffentlichung Ihres Wissens im Intranet oder auf Ihrem eigenen Blog sowie das Organisieren von Events. Ist Ihnen das Unterfangen zu einsam, gründen Sie einen Working Out Loud Circle, kurz WOL Circle. In Unternehmen wie Siemens existieren bereits viele solcher Gruppen mit circa vier bis fünf engagierten Menschen. Ziel ist es, sich gegenseitig bei der Erreichung seiner Vorhaben zu unterstützen sowie sich zu motivieren. Versuchen Sie es, wenn Sie Geschmack daran finden. Wer weiß, welche Jobperspektiven für Sie daraus entstehen.

Urlaubs- und Elternzeitvertretung: Sie wollen auch mal direkten Kundenkontakt haben? Fragen Sie, ob Sie einen Kollegen, dessen Job Publikumsverkehr beinhaltet, vertreten können, wenn er in den Urlaub fährt. Wenn Ihnen Ihr Vorgesetzter einen gewissen Spielraum zugesteht, kommt auch eine Elternzeitvertretung infrage. Dort können Sie sich noch intensiver mit dem Wunschjob auseinandersetzen und testweise in die Schuhe eines anderen schlüpfen.

Jobrotation: Einige Unternehmen bieten ihren Mitarbeitern die Möglichkeit zur Jobrotation. Es gibt verschiedene Arten, eine Jobrotation zu organisieren. Eine könnte Ihnen bei der Umorientierung durchaus behilflich sein. Es geht um die interne, abteilungsübergreifende Jobrotation. Dabei geht es darum, einen anderen – zeitweise frei gewordenen – Arbeitsplatz zu besetzen, um zum einen jemanden zu haben, der die Arbeit erledigt, zum anderen aber den Arbeitnehmer im Betrieb weiterzuentwickeln und ihm Einblicke in verschiedene Bereiche zu geben. Gerade Arbeitnehmer, die für eine Führungsaufgabe in Betracht gezogen werden, dürfen häufig an einem solchen zeitweisen Jobtausch teilnehmen. Jemand anderes besetzt währenddessen die eigene Stelle, bis man wieder auf seinen ursprünglichen Platz zurückkehrt.

Hospitation: Eine Hospitation gleicht einem Praktikum, ist aber deutlich kürzer. Mit einem Tag Zeiteinsatz sind Sie bei der Hospitation schon dabei. Sie begleiten einen Arbeitnehmer für die vereinbarte Zeit und arbeiten, sofern möglich, zur Probe. Sie haben dabei Zeit, Fragen zu stellen und Ihre Ansprechpartner in ein Interview einzubinden. Je mehr über die persönlichen Erfahrungen der Menschen Sie erfahren, desto hilfreicher für Ihre Umorientierung.

Praktikum: Ein Praktikum können Sie während Ihres Urlaubs, Sabbaticals oder während einer längeren Freistellung in Erwägung ziehen, da es länger als eine Hospitation dauert. Ein

Schnupperpraktikum dauert eine Woche, ein reguläres dauert in der Regel drei Monate. Natürlich lassen sich auch alle Zeiträume dazwischen und darüber hinaus individuell mit dem potenziellen Arbeitgeber vereinbaren.

Ehrenamt: Sie können Ihre Suche nach einem erfüllenden Beruf aber auch mit einer guten Tat verbinden und sich ein Ehrenamt suchen, bei der Sie Ihre Wunschtätigkeit ausüben oder in einem Umfeld arbeiten, das Sie interessiert. Arbeitszeiten und -umfang lassen sich in der Regel je nach persönlichen Rahmenbedingungen flexibel vereinbaren. Sollten Sie feststellen, dass Sie nicht für den Job geeignet sind oder dass andere Gründe gegen die Tätigkeit sprechen, können Sie jederzeit wieder aussteigen. Wenn in Ihre Weiterbildung zur Ausübung des Ehrenamts investiert wird, kann es allerdings zu einer Verpflichtung über einen bestimmten Zeitraum kommen.

Pro-bono-Arbeit: Sie finden Ihren jetzigen Beruf gar nicht so verkehrt, aber das Umfeld stört Sie? Dann fragen Sie Ihren Chef, ob er Sie für Pro-bono-Arbeit freistellt. Viele Arbeitgeber unterstützen den gemeinnützigen Aspekt und stellen ihre Mitarbeiter zu einem geringen Teil ihrer Arbeitszeit für die Arbeit für gemeinnützige Organisationen frei. Sie können so testen, ob Sie der Einsatz Ihrer Fähigkeiten und Kenntnisse in einem anderen Umfeld zufriedener stimmt. Auch den Aspekt der Sinnstiftung können Sie so genauer unter die Lupe nehmen: Reicht es zum beruflichen Glück, wenn Sie Ihre Arbeitszeit für etwas Sinnvolles einsetzen, oder fehlt Ihnen noch mehr?

Miniselbstständigkeit: Sie haben eine Geschäftsidee, die Sie gern testen wollen? Melden Sie einfach eine nebenberufliche Selbstständigkeit an. Mit minimalem Risiko können Sie so Ihre Dienstleistungen oder Produkte testen. Ist Ihnen das zu aufwendig? Dann testen Sie das Vorhaben einfach an Ihren Freunden. So, wie es Melanie gemacht hat, eine Soziologiestudentin mit Ordnungsfimmel. Melanie stellte in einem von Jannikes

Workshops die These auf, sie würde gern Aufräum- und Ordnungsberaterin werden. Sie beriet zur Freude aller Beteiligten erst einmal ihre Eltern und Freunde, die ihr dann wiederum ein Feedback zu ihrem Konzept, ihrem Auftreten und den eigenen Bedürfnissen geben konnten.

Wenn Sie mittels dieser Möglichkeiten Ihre Thesen in der Realität überprüfen, können Sie sich sogar auf einen neuen Job als Biobauer mit einem Hofladen vorbereiten, auch wenn Sie heute in der Verwaltung arbeiten.

Der Werkzeugkasten der Arbeitgeber und von deren Personalabteilung enthält viele Werkzeuge, die das Ausprobieren auch außerhalb des eigenen Betriebs ermöglichen: Teilzeit, Erziehungsurlaub, Sabbatical, bezahlter und unbezahlter Urlaub sind alles wunderbare Gelegenheiten, um Neues auszuprobieren, die Angst vor dem Umsteigen zu bewältigen und Fragen zu beantworten, für die man vor dem Computer keine befriedigende Lösung finden kann.

Design Thinking – ein Ansatz zum Test von Geschäftsideen

Wenn Sie darüber nachdenken, sich mit einer Geschäftsidee selbstständig zu machen, dann können Prinzipien aus dem Design Thinking für Sie interessant sein.

Design Thinking nennt sich ein Ansatz, bei dem in interdisziplinären Teams Ideen zur Lösung von Problemen erarbeitet werden. Im Mittelpunkt dabei steht immer der Nutzer, für den das Produkt oder die Dienstleistung entwickelt wird. Frühzeitig während des Entwicklungsprozesses werden mit einfachsten Mitteln Prototypen der jeweiligen Produkte oder Dienstleistungen gebaut. Das Ziel dahinter ist es, dass eine Idee die Form der Sprache verlässt und greifbarer wird. Das regt andere Bereiche im Gehirn an, sodass Problemstellungen deutlich werden und sich die Idee weiterentwickeln lässt. Der Prototyp wird dann auf seine Funktionalität hin mit Testkunden getestet. Testkunden können so wie bei Ordnungsberaterin Melanie aus dem Freundeskreis oder der Familie stammen, Hauptsache es sind Personen, die nicht an der Entwicklung beteiligt waren. Von den Testkunden gibt es ein Feedback: Löst das Produkt tatsächlich ein Problem? Ist es funktional und einfach zu bedienen? Würde der Kunde ein Produkt wie dieses überhaupt kaufen?

Der Vorteil dieser Methode ist, dass Produkte und Services nicht am Markt vorbei entwickelt werden, sondern auf ihre Nutzer abgestimmt werden. Mit geringem Aufwand lassen sich bereits Prototypen herstellen. Genutzt wird oftmals Knete, Lego und Tonpapier und sonst alles, was sich zweckentfremden lässt. Nach dem Feedback der Testkunden geht es zurück in den Entwicklungsprozess, und das Produkt wird überarbeitet. Anschließend wird ein neuer Prototyp erstellt und erneut getestet. Der Prozess wiederholt sich, bis ein aus Nutzersicht gutes Produkt oder eine hilfreiche Dienstleistung entstanden ist.

Wenn Sie bisher noch keine Berührung mit Design Thinking hatten und auch kein interdisziplinäres Team zur Verfügung haben, können Sie sich entweder professionelle Hilfe holen oder aber Methodiken übernehmen und abwandeln. Bringen Sie dazu Ihre Ideen in eine andere Form. Simulieren Sie über PowerPoint, wie Ihre Webseite oder Plattform aussehen würde und welche Funktionen sie hätte. Bauen Sie Ihr Katzencafé aus Lego nach, und überlegen Sie sich, was Sie darin alles anbieten würden und beachten müssen. Stellen Sie die ersten Exemplare Ihres zukünftigen Stempelimperiums aus Kartoffeln her, und geben Sie sie Freunden zum Testen. Testen Sie Ihre Foodtruck-Idee mit Bollerwagen und Zweiplattenkocher, und holen Sie sich Feedback von den ersten Kunden ein.

Während des Ausprobierens

Auf welche Arten Sie sich ausprobieren können, erfahren Sie in Kapitel 7. Damit Sie die richtigen Schlüsse aus dieser Phase ziehen, geben wir Ihnen an dieser Stelle noch ein paar Hinweise.

Wir hatten sie bereits in Kapitel 2 erwähnt: die Intuition. Sie haben mittlerweile schon genauer in sich hineingehört, haben reflektiert und die Grundlagen für Ihre bisherigen Entscheidungen herausgefunden. Bevor es hier um das Ausprobieren Ihrer beruflichen Möglichkeiten gehen soll, wollen wir noch einmal auf die Intuition zurückkommen. Auch die lässt sich nämlich während der Testphase schulen und stärken. In Kürze werden Sie sich also weiter intensiv mit sich selbst und den beruflichen Möglichkeiten auseinandersetzen. Achten Sie darauf, wann sich Ihr Bauchgefühl bemerkbar macht.[28] Da Sie sich auf neues Terrain begeben, wird das in nächster Zeit öfter der Fall sein. Im Alltagstrott in gewohnter Umgebung braucht es sich ja auch schließlich nicht zu melden. Der erste Schritt ist es, Ihr Bauchgefühl wahrzunehmen, wenn es sich bemerkbar machen will. Je sensibler Sie werden, umso mehr können Sie es sich später zunutze machen. Im zweiten Schritt testen Sie dann die Entscheidungen, die Ihnen das Bauchgefühl empfiehlt und schauen sich im Anschluss das Ergebnis an. Wichtig in diesem Stadium ist, dass Sie einen Verlust oder eine falsche Entscheidung verkraften können. Sollte Ihnen Ihr Bauchgefühl allerdings einmal sagen, dass Ihre Zufallsbekanntschaft den Aktenkoffer mit dem Geld für die lebensrettende Operation Ihrer Patentante schon zuverlässig überbringen wird, dann trainieren Sie es noch ein bisschen und treffen die Entscheidung aus dem Verstand heraus. Diese Sorte an Entscheidungen sollten Sie zu Beginn noch nicht Ihrem Bauchgefühl überlassen. Je mehr Erfahrungen Sie machen und je mehr Sie üben, desto geschulter werden Sie im Umgang mit Ihrer Intuition. Das wird Ihnen während der Umorientierung von großem Nutzen sein.

Kommen wir aber zum Austesten verschiedener Jobs.[29] Ein Pinguin, der auf einen Baum klettern soll, wird sich schwertun: untersetzte Figur, kurze Beine und keine Arme, mit denen er sich festhalten kann. Fehlkonstruktion könnte man annehmen. Springt der Pinguin jedoch ins Wasser, wird sich Ihnen schnell ein anderes Bild zeigen: Der Pinguin ist in seinem Element und bewegt sich schnell und geschmeidig durch die Fluten.

Beim Ausprobieren können Sie Ihr Element finden. Vermeiden Sie es, sich auf einen Baum zu zwingen, wenn Sie als Pinguin geboren wurden. Das wird Sie nicht in ein erfülltes Berufsleben leiten. In Kapitel 3 haben Sie sich bereits mit Ihren Stärken und Talenten auseinandergesetzt und den Begriff des Flows kennengelernt. Ich weiß nicht, wie es Ihnen geht, ich habe solche Persönlichkeitstests lange angezweifelt. Sie beantworten ein paar Fragen, und dann spuckt Ihnen der Computer aus, worin Sie angeblich gut sein sollen. Wirklich ernst genommen habe ich die Ergebnisse nicht, denn es waren ja schließlich meine subjektiven Antworten, die zu diesem Ergebnis geführt hatten. Beim Ausprobieren bietet sich die einzigartige Gelegenheit, die Testergebnisse in der Realität zu überprüfen. Hat Ihnen Ihr Testergebnis gespiegelt, dass Sie gut vor Menschen reden können, suchen Sie sich eine Möglichkeit, einen Vortrag zu halten. Beobachten Sie sich dabei selbst. Wie fühlen Sie sich? Geht Ihnen die Aufgabe leicht von der Hand? Tun Sie sich schwer und sind Sie hinterher erschöpfter als vorher? Wenn Sie eine Tätigkeit beschwingt beenden, Energie gewonnen haben und sie Ihnen leicht von der Hand ging, ist das ein gutes Zeichen. Merken Sie sich diese Tätigkeit.

Fragen Sie darüber hinaus nach Feedback. Feedback ist ein wunderbarer Weg, sich selbst besser kennenzulernen, sich in der Welt einzuordnen und zu lernen. Denn paradoxerweise vertrauen wir eher dem Urteil außenstehender Menschen als dem eigenen oder dem der Familie. Viele Menschen, denen wir im Coaching begegnet sind, zweifeln an sich selbst, obwohl sie viele tolle Fähigkeiten haben. Das kann in der Erziehung begründet sein. Viele Menschen mussten als Kind Bedingungen erfüllen, um geliebt zu werden. Gute Noten in der Schule, mittags der Abwasch und am Wochenende Unkraut jäten im Garten. Haben wir das nicht gemacht oder nicht gut gemacht, wurden wir sanktioniert. Fehler galten als Abweichung von der Norm und wurden von der Lehrerin mit Rot markiert. Heute hat sich die Auffassung von Erziehung etwas geändert. Nicht alles ist dabei besser geworden. Die sogenannten Helikoptereltern werden unsere Gesellschaft noch vor ganz andere Herausforderungen stellen. Viele Menschen sehen an sich selbst immer noch die Fehler, Schwachpunkte und dunklen Seiten zuerst. Sehen, was nicht gelingt, und zücken den roten Stift. Beim Ausprobieren haben Sie die Möglichkeit, all Ihre Annahmen über sich selbst noch einmal zu überprüfen und von anderen Feedback zu bekommen. Feedback einzufordern erfordert Mut. Von jemand anderem zu hören, Sie haben nicht genug geleistet, ist schmerzhafter, als es sich selbst einzureden. Nur mit dem Unterschied, dass Sie durch Feedback lernen und sich und Ihre Leistung verbessern können. Reden Sie sich hingegen selbst lange genug ein, Sie können nichts, werden Sie in der Regel auch nichts machen. Zudem werden Sie beobachten, dass andere Personen Ihnen vermutlich bessere Rückmeldungen geben, als Sie vermutet haben. Machen Sie sich Ihre Annahmen bewusst. Waren sie richtig? Waren sie überhaupt relevant? Was wurde Ihnen gespiegelt, das Sie an sich selbst noch nicht kannten?

Das Johari-Fenster ist ein grafisches Modell, das die Macht von Feedback deutlich macht. Weiter unten finden Sie eine Grafik des Modells, das in den 1950er-Jahren von den beiden Sozialpsychologen Joe Luft und Harry Ingham entwickelt wurde. Dabei geht es um die Selbst- und Fremdwahrnehmung eines

Das Johari-Fenster

	Mir bekannt	Mir unbekannt
Anderen bekannt	Öffentliche Person	Blinder Fleck
Anderen unbekannt	Mein Geheimnis	Unbekanntes

Menschen und wie sich diese durch gezieltes Feedback einer Gruppe verändern kann. Stellen Sie sich vor, Sie haben eine engelsreine Sopran- oder Tenorstimme, singen aber lediglich zu Hause im stillen Kämmerlein. Keiner Ihrer Kollegen kann also wissen, dass Sie ein guter Sänger sind. Diesen Aspekt fassen die beiden Sozialpsychologen unter dem Begriff »Mein Geheimnis« zusammen. Umgekehrt halten Sie vielleicht fabelhafte Vorträge und können Ihre Kollegen begeistern, schätzen sich selbst aber falsch ein und denken, Sie wären eine Niete. Dieser Bereich wird »der blinde Fleck« genannt. Das Feld »Öffentliche Person« umfasst die Fähigkeiten, die Sie mit Ihrem Arbeitsumfeld teilen und an sich kennen. Luft und Ingham nennen einen weiteren Bereich »Unbekanntes«, das sind Fähigkeiten und Persönlichkeitsaspekte, die weder Ihnen noch Ihrem Umfeld bewusst sind. Durch Feedback kann der Bereich »Öffentliche Person« gestärkt werden. Das heißt, Ihr Umfeld macht Sie mit Stärken, Fähigkeiten und Aspekten Ihrer Persönlichkeit bekannt, die Ihnen bislang nicht bewusst waren oder die Sie unterbewertet hatten. Zusätzlich finden Sie mehr Selbstvertrauen, einen Teil Ihrer Privatperson zu zeigen, sofern dies für das Arbeitsumfeld relevant ist. Beides führt dazu, dass Ihr Anteil, der Ihnen und den anderen bekannt ist, wächst. Je authentischer Sie sein können und dürfen, desto besser wird es Ihnen gehen.

Auch die **Selbstreflexion** ist beim Ausprobieren hilfreich. Reflektieren Sie also die Erlebnisse und Erfahrungen, die Sie während des Ausprobierens machen, und stellen Sie sich am Ende des Tages ein paar Fragen. Wo hat Sie Ihr Interesse während des Tages hingezogen? Wann waren Sie im Flow? Wann haben Sie Ihr Umfeld vergessen und gingen ganz in einer Aufgabe auf? Welche Tätigkeiten fielen Ihnen leicht? Gefiel Ihnen das Umfeld? Wie fühlen Sie sich in einer großen Firma, wie in einer kleinen und wie, wenn Sie einen Selbstständigen begleiten? Wenn Sie mögen, schreiben Sie Ihre Gedanken in ein Ausprobiertagebuch. Je mehr Eintragungen Sie machen, desto besser lassen sich Muster erkennen.

Jannike erlebte in ihrem Praktikum als Start-up-Gründerin beispielsweise einen Schlüsselmoment. Dort wurde sie von ihrem Gastgeber mit Informationen nur so überschüttet, bis ihr Kopf qualmte. Sie bat um eine Pause und darum, die Geschwindigkeit der Erfahrungsberichte etwas zu drosseln. Sie einigte sich mit ihrem Gegenüber darauf, als Nächstes einen Text für die Website des Unternehmens zu verfassen. Beim Schreiben war alles wieder in Ordnung. Alle Informationen fanden wie Puzzlestücke zueinander. Jannike war wieder im Flow. Während der nächsten Praktika achtete sie verstärkt auf diesen Aspekt. Und tatsächlich: Jedes Mal, wenn es an das Schreiben ging, machte es klick, und Jannike war in ihrem Element.

Achten Sie darauf, wann es bei Ihnen fließt, während Sie sich ausprobieren. Wenn Sie eine Tätigkeit mehr Energie kostet, als sie Ihnen bringt, dann denken Sie darüber nach, ob Sie sie wiederholen möchten. Ihre Erkenntnisse können Sie in einem Journal festhalten. Das erleichtert Ihnen, Muster zu erkennen und ein klareres Bild von Ihrem Berufsziel zu zeichnen.

Damit Sie Ihre Zeit effektiv nutzen, haben wir noch einen Tipp für Sie, wie Sie schnell in einen neuen Beruf hineinfinden: »Fake it until you make it.« – »Täusche es vor, bis du es schaffst.« Niemand erwartet von Ihnen, dass Sie den Job, den Sie ausprobieren, auf Anhieb auch ausführen können. Also erwarten Sie es auch nicht selbst von sich. Sie werden darüber hinaus feststellen, dass alle Menschen mit Wasser kochen. Was Sie für exzellentes Fachwissen gehalten haben, mag sich beim näheren Hinsehen als das Ergebnis einer Google-Suche herausstellen. Häufig hindert Menschen die Angst vor Versagen daran, Dinge zuzulassen. Je mehr Sie sich aber auf eine Situation einlassen können, desto schneller werden Sie herausfinden, ob der Job etwas für Sie sein könnte. Wird Ihnen die Möglichkeit geboten, sich zum Beispiel selbst einmal an die Erledigung einer Aufgabe mit einem Kunden zu machen, greifen Sie zu. Ja, das kann auch mal schiefgehen, und das darf es auch. Sonst würde man die Aufgabe auch nicht jemandem überlassen, der sich im Job einmal ausprobieren möchte. Tun Sie, während Sie die Aufgabe erledigen, einfach so, als wäre das für Sie die alltäglichste Sache der Welt und Sie ein Profi. Wissen Sie einmal nicht weiter, fragen Sie einfach nach. Je mehr Sie sich zutrauen, desto schneller werden Sie herausfinden, wie sich der Job für Sie anfühlt und ob er eine Heimat für Sie werden könnte.

Oftmals dürften Sie beim Ausprobieren auch überrascht werden. Entweder ein Job enttäuscht Sie, in den Sie große Hoffnungen gesteckt hatten, oder ein Job begeistert Sie, von dem Sie es nicht erwartet hätten. Jannike erging es gleich mehrfach so. In ihrem heimlichen Favoritenjob als Journalistin machte sie sogar zwei Praktika. Zuerst ging sie in die Onlineredaktion eines Frauenmagazins und arbeitete für eine Woche an Themen, die sie prinzipiell interessierten, und in einem Team mit netten, jungen Kolleginnen. Wer den Onlinebereich kennt, der weiß, wie schnelllebig die Inhalte hier sind. Während dieses Praktikums fand Jannike heraus, dass Schreiben allein für sie nicht genug war. Eine gewisse Tiefe sollten die Themen für sie haben. Der Job sollte auch die Möglichkeit hergeben, umfangreich zu recherchieren. Ihre Annahmen überprüfte sie in einem zweiten journalistischen Praktikum und zwar in einer Printredaktion eines Reportagemagazins. Dort sah die Arbeit schon anders aus und begeisterte Jannike. An der Journalistenschule erhielt sie zwar keinen Platz, heute schreibt Jannike neben ihrer Tätigkeit als Coach aber über eigene Themen, die sie in aller Sorgfalt recherchieren kann.

In kurzen Praktika ist das, was man selbst ausführen darf, nur ein Aspekt, um einen Job besser kennenzulernen. Essenziell sind und bleiben die Gespräche mit denjenigen, die schon seit Jahren im Beruf sind. Scheuen Sie sich nicht und fragen Sie Ihr Gegenüber aus. Lassen Sie sich seine Geschichte erzählen. Warum hat er sich für den Beruf entschieden, wie ist sein Werdegang, was sind die besten Momente im Job und in welchen Situationen wird es mal schwierig? Das wird Ihnen helfen, sich ein noch umfassenderes Bild zu machen.

Neigt sich Ihr Einsatz dem Ende zu, führen Sie ein Abschlussgespräch. Gehen Sie in den Austausch. Und holen Sie sich ein abschließendes Feedback ein. Wenn Sie beispielsweise eine Hospitation beenden, nehmen Sie sich die Zeit, mit Ihrem Gastgeber über seine und Ihre Erfahrungen zu sprechen. Wie hat er Sie wahrgenommen? Was ist Ihnen aus seiner Sicht gut gelungen und wo sieht er für Sie Herausforderungen? Beschreiben Sie ihm im Gegenzug, wie es Ihnen während der Zeit ergangen ist. Die meisten Arbeitgeber, mit denen Jannike zu tun hatte, haben sich solch ein Feedback sogar explizit gewünscht. Um ein derartig offenes Gespräch einzufordern, bedarf es in der Regel Überwindung. Gleichzeitig bietet es Ihnen wieder einmal die Möglichkeit zur Selbsterkenntnis. Darüber hinaus können Sie in Erwägung ziehen, mit den Menschen in Kontakt zu bleiben und sie über Ihre Umorientierung auf dem Laufenden zu halten. Ein Arbeitseinsatz zur Orientierung findet in der Regel auf einem sehr persönlichen Level statt, da es um Beweggründe, Ziele und die eigene Persönlichkeit geht. Sie können Ihre Ausprobierphase also auch dazu nutzen, um sich ein umfangreiches berufliches Netzwerk aufzubauen.

Also, planen Sie die Zeit ein, um Neues auszuprobieren. Nehmen Sie sich einen Zeitraum von zwei bis drei Jahren vor, in dem Sie idealerweise all die gerade beschriebenen Möglichkeiten nutzen, neue Berufserfahrungen zu machen oder die Selbstständigkeit zu testen, ohne dabei gleich zu kündigen und sich festlegen zu müssen. Auch dem vorsichtigsten Versicherungsangestellten müsste dieses Vorgehen gefallen. Und der war Emilio schließlich über 23 Jahre lang. In der Branche sagt man, die Versicherer würden immer mit Hosenträger und Gürtel rumlaufen, um ganz sicher zu sein, dass die Hose nicht rutscht. Wer das Experimentieren über ein paar Jahre streckt, kann auch als notorischer Angsthase und Risikovermeider den Weg in den Umstieg schaffen.

Wenn Sie gleichzeitig Ihren Lebensstandard auf den Prüfstand stellen möchten, verzichten Sie testweise und beschränken Sie sich auf das Nötigste.

Der Plan und die Ängste – Do's and Don'ts

Der Plan

Do's
Der Plan ist noch nicht ganz ausgereift? Legen Sie trotzdem schon los!
Denken Sie um! Finden Sie beispielsweise keine Möglichkeit, in die Arbeit eines Geheimagenten hineinzuschnuppern, versuchen Sie es einfach bei einem Privatdetektiv.
Schaffen Sie sich Freiräume, reduzieren Sie auf Teilzeit, testen Sie am Wochenende. Es gibt vielfältige Möglichkeiten, eine wird für Sie die passende sein!
Don'ts
Nach Perfektion streben und alle Aspekte dieser Welt berücksichtigen wollen
Auf die strikte Einhaltung eines Planes pochen. Seien Sie flexibel, und passen Sie Ihren Plan an, sollten sich die Dinge anders entwickeln als gedacht.

Die Ängste

Do's
Es ist okay, Angst zu haben. Machen Sie sich bewusst, dass es allen anderen Menschen auch immer wieder so geht. Die Frage ist lediglich, wie Sie mit der Angst umgehen.
Vertrauen Sie auf Ihr Bauchgefühl! Viele Situationen, die einen ängstigen oder ins Grübeln bringen, lassen sich so auflösen.
Mutig zu sein lässt sich üben. Je öfter Sie Ihre Komfortzone verlassen, desto leichter wird es Ihnen fallen!
Don'ts
Gehen Sie nicht in die Vermeidungshaltung. Trauen Sie sich, seien Sie ehrlich zu sich selbst und zu anderen. Sonst ändert sich Ihre Situation nie.
Zu lange zu hadern und zu grübeln kostet Sie nur Zeit und Energie. Fangen Sie lieber direkt an!

Kapitel 7
Das Netzwerk – wie Beziehungen helfen können
(Jannike)

Wenn 70 Prozent des Lernens aus Erfahren, Erleben, Handeln bestehen, wie lernt man die restlichen 30 Prozent? 10 Prozent durch die formale Ausbildung, akademisch wie nichtakademisch, und 20 Prozent durch Beziehungen, salopp Vitamin B genannt.

Netzwerken, igitt

Vor einigen Jahren war mir das Thema Netzwerken noch zuwider. Wenn ich nur das Wort hörte, klinkte ich mich mental aus. Mir erschien es falsch, Menschen kennenzulernen, nur um sie später für eigene Interessen nutzen zu können. Mittlerweile habe ich ein anderes Verständnis zum Thema Networking bekommen. Ohne es zu wissen, hatte ich mein komplettes Projekt »30 Jobs in einem Jahr« über effektives Netzwerken organisiert. Immer wieder werde ich gefragt, wie ich es geschafft habe, dreißig verschiedene Menschen davon zu überzeugen, mich eine Woche lang aufzunehmen und in ihren Berufsalltag hineinschauen zu lassen. Die Antwort wurde mir erst im Laufe des Projekts klar: Fast alle meiner Jobs hatte ich über mein persönliches Netzwerk, über das Netzwerk meines Netzwerks bekommen oder über Empfehlungen von Menschen, die ich während des Experiments begleitete. Genauso organisierte ich mir übrigens meine Übernachtungsmöglichkeiten während der Praktika. Während ich zu Beginn noch über Couchsurfing suchte, fragte ich etwa ab der fünfzehnten Station nach Empfehlungen aus meinem Bekanntenkreis. Als ich das erste Mal den Mut aufbrachte, nach etwas zu fragen, war ich überrascht, als die Antwort »Ja!« lautete. Während ich zu Beginn noch das Gefühl hatte, ich könnte jemandem zur Last fallen, wurde ich mit der Zeit immer selbstsicherer. »Es hat gutgetan, dass du da warst«, verabschiedete sich eine meiner Gastgeberinnen von mir, nachdem ich eine Woche lang im ehemaligen Kinderzimmer ihrer studierenden Tochter gewohnt hatte. Eine andere Gastgeberin organisierte mir nicht nur eine Anschlussherberge für den nächsten Job, sondern versah mich noch mit einem Abschiedsgeschenk. Wie kann das sein?, fragte ich mich. Irgendwann begriff ich, dass es sich bei gutem Netzwerken um Geben und Nehmen handelt und dass ich Dinge auf eine andere Art und Weise zurückgeben konnte, nämlich in Form von Dankbarkeit, Geschichten und Gesprächen, neuen Perspektiven und Verbundenheit.

Wie man das Netzwerken ausgestaltet, bleibt jedem selbst überlassen. Manche Netzwerker überlegen sich, welchen Gefallen sie anderen Menschen tun können, von denen sie etwas benötigen. Sie lassen diese Menschen in ihrer Schuld stehen, sodass diese den Gefallen, der im Gegenzug früher oder später eingefordert wird, nur schwer ablehnen können. Das ist ein effektiver Weg des Netzwerkens, der sich für mich persönlich allerdings nicht bewährt hat. Meine goldene Regel für gutes Netzwerken ist, ein wahrhaftiges und wechselseitiges Interesse an der Person zu haben. Menschen, die mir guttun und denen ich guttun möchte. Viele von ihnen können mich beim Erreichen meiner beruflichen Ziele unterstützen, was allerdings zweitrangig ist. Im Gegenzug zu helfen, wo man kann, ist hierbei Ehrensache. Bei Menschen, die man mag, fällt das ja auch nicht schwer.

Angst vor Zurückweisung

Es gibt nur einen Haken an dieser Sache: Wer etwas möchte, der muss fragen. Und davor scheuen wir aus Angst vor Ablehnung oftmals zurück. Sie können noch so viele Menschen in Ihrem Netzwerk haben, wenn Sie nicht nach dem fragen, was Sie wollen, werden Sie es auch niemals bekommen. Zurückweisung ist eine unangenehme Angelegenheit. Schnell stellen Sie sich selbst nach einer Ablehnung infrage, und das eigene Selbstwertgefühl kann einen Knacks davontragen. Wer möchte sich schon wie ein Verlierer fühlen? Besser also Sie fragen erst gar nicht. Ich bewarb mich beispielsweise über zehn Jahre lang nicht an einer Journalistenschule, aus Angst davor, abgelehnt zu werden.

Fragen und sich etwas zu trauen sind bei der beruflichen Umorientierung essenziell. Bestsellerautor und TED-Speaker Jia Jiang hatte eine besondere Angst vor Zurückweisung, nachdem er als Sechsjähriger ein traumatisches Erlebnis vor seinen Mitschülern durchlitten hatte.[30]

Als er mit Ende zwanzig merkte, dass ihn die Angst vor Zurückweisung lähmte und seine Lebensträume langsam versandeten, setzte er sich einer Schocktherapie aus. Einhundert Tage lang stellte er sich täglich einer Situation, in der er zurückgewiesen wurde. Während ihm am Anfang seines Experiments bei einer Ablehnung noch Schweiß den Rücken herunterlief, lernte er mit der Zeit nicht nur, wie er besser mit ihr umgehen konnte, sondern auch, wie er ein Nein in ein Ja verwandeln konnte. In seinem Buch »Wie ich meine Angst vor Zurückweisung überwand und unbesiegbar wurde« gibt er Tipps für den Umgang mit Ablehnung. Zuerst empfiehlt er, bei einer Zurückweisung nach dem Warum zu fragen. Diese einfache Frage führe beim Gegenüber schnell dazu, die ablehnende Entscheidung noch einmal zu überdenken. Einfühlungsvermögen nennt Jia Jiang als zweiten wichtigen Faktor, um ein Nein in ein Ja zu verwandeln. Klären Sie Ihren Ansprechpartner über Ihre Antriebe auf. Sollten Sie Zweifel bei ihm vermuten, entkräften Sie diese, indem Sie sie aussprechen. Wenn Sie also jemanden bitten, Sie einmal einen Tag über seine Schultern schauen zu lassen, dann ist das vermutlich zunächst eine außergewöhnliche Anfrage, die Fragen oder sogar Zweifel aufwerfen kann. Wenn Sie aber erklären, dass Ihnen bewusst ist, dass Ihre Anfrage ungewöhnlich ist, Sie sich aber gerade in der Phase der Umorientierung befinden und sich für seinen Beruf interessieren, lässt sie sich besser einordnen und lässt das Ganze in einem anderen Licht erscheinen. Ebenfalls hilfreich kann es sein dranzubleiben. Wir alle kennen das Gefühl, vom Alltag gestresst zu sein und keine Zeit mehr zu haben, unsere E-Mails zu beantworten. Genauso geht es demjenigen vermutlich auch, den Sie um ein Praktikum, eine Auskunft oder eine Empfehlung bitten. Seien Sie nachsichtig und haken Sie nach einer gewissen Zeit nach. Und dann noch einmal und noch einmal und noch einmal. Verlassen Sie sich darauf, irgendwann bekommen Sie eine Antwort.

Es kann natürlich trotzdem passieren, dass jemand Ihren Wunsch ablehnt. Das passiert den Besten. Je öfter Sie abgelehnt werden, desto weniger schlimm empfinden Sie die Ablehnung. Auch hier kann man üben. Fangen Sie einfach mit einer Anfrage an, die Ihnen nicht so viel bedeutet. So haben Sie nicht das Gefühl, Sie hätten bei einer Absage etwas zu verlieren, wobei dieses Gefühl ohnehin ein Trugschluss ist. Denn wie können Sie etwas verlieren, das Sie noch gar nicht haben? Eine Option, die Sie nicht nutzen, ist keine. Je öfter Sie Erfolg haben, desto mutiger werden Sie.

Ähnliche Erfahrungen konnte ich auch während meiner Reise durch die dreißig verschiedenen Jobs machen. Fast niemand lehnte meine Bewerbung um ein Praktikum ab, wenn ich offen über meine Beweggründe gesprochen hatte. Kam einmal eine Absage und ich blieb trotzdem dran und hakte nach, durfte ich so manches Mal doch noch für ein paar Tage in den Betrieb kommen. In einem dieser Fälle bekam ich folgendes Feedback: »Ich war nicht überzeugt davon, dir ein Praktikum bei uns anzubieten. Ich musste mich durchringen, aber im Nachhinein bin ich sehr froh, dass wir uns dafür entschieden haben. Es war toll, dass du da warst.« Bei der Journalistenschule habe ich mich übrigens zehn Jahre nachdem der Wunsch in mir aufkam, doch noch beworben. Ich schaffte es mit meiner Bewerbung nicht einmal in die zweite Runde. Als ich das Ablehnungsschreiben in den Händen hielt, musste ich lachen. Davor hatte ich mich zehn Jahre lang gefürchtet?

Immer wenn wir auf andere Menschen zugehen, können wir abgewiesen werden. Wollen wir uns aber verändern, müssen wir das Risiko einer Zurückweisung in Kauf nehmen. Machen wir uns dabei bewusst, dass es nicht wichtig ist, ob wir zurückgewiesen werden oder nicht, sondern wie wir im Falle des Falles damit umgehen. Trauen Sie sich und vertrauen Sie uns: Sie werden belohnt werden.

Wer helfen kann

»Ich kenne aber niemanden«, bekomme ich oft von meinen Klienten zu hören. Bevor Sie sich zu so einer Aussage hinreißen lassen, überlegen Sie erst einmal, welche Menschen sich in Ihrem Freundes- und Bekanntenkreis versammeln und was diese beruflich machen. Sie werden feststellen, dass bereits jetzt eine beachtliche Liste mit unterschiedlichen Jobs zustande kommen wird, die es in Ihrem Umfeld gibt. Schreiben Sie die Namen und zugehörigen Berufe einmal auf. Überlegen Sie weiter: Was machen Ihre Familienmitglieder, gibt es da vielleicht noch entfernte Verwandte, die Sie nur alle zehn Jahre einmal auf den Jubiläumsfeiern sehen? Haben Sie Nachbarn, einen Friseur, einen

Anwalt, Arbeitskollegen mit Ehepartnern? Was ist mit den Eltern der Mitschüler Ihrer Kinder, einer Urlaubsbekanntschaft, mit der Sie sich gut verstanden haben? Was machen Ihre Klassenkameraden aus der Schulzeit heute eigentlich? Und die Arbeitskollegen aus einem ehemaligen Arbeitsverhältnis? Sehen Sie? Die Liste dürfte länger und länger werden und die Bandbreite der jeweils ausgeübten Berufe größer.

Haben Sie bereits im Auge, welches Berufsfeld und welche Tätigkeit Sie näher kennenlernen möchten, dann überlegen Sie nun, welche Person aus Ihrem Netzwerk Ihnen weiterhelfen könnte. Sollten Sie sich für den Beruf als Grafikdesigner interessieren und einen Grafikdesigner im Freundeskreis haben, dann haben Sie ein einfaches Spiel. Sie können direkt um eine Auskunft bitten. Sie dürfen aber auch über Eck spielen: Kennen Sie keinen Grafikdesigner, überlegen Sie, wer aus Ihrem Netzwerk einen kennen könnte. Sprechen Sie Ihren Kontakt an, ob er Sie mit dieser Person bekannt machen würde. Vergessen Sie in beiden Fällen nicht, Ihre Gründe für die Anfrage mitzuteilen. Für Sie ist der ganze Prozess selbstverständlich, für Außenstehende ist er das nicht.

Falls Sie noch Hemmungen haben, den Kontakt aufzunehmen, überlegen Sie sich, was im schlimmsten und was im besten Fall passieren kann. Immer noch Zweifel?

Mark S. Granovetter, der unter anderem in Harvard studierte und an der renommierten Stanford University lehrt,[31] berichtet in seinen Studien, dass es meist die entfernten Bekannten sind, die zu einem neuen Job verhelfen. Menschen, die man seit zehn Jahren nicht mehr gesehen hat oder welche, mit denen man nur zweimal flüchtig auf einer Party gesprochen hat, sogenannte »weak ties«, schwache Bindungen. Das ist nur logisch, da man sich in der Regel mit Menschen mit einem ähnlichen beruflichen Hintergrund umgibt. Um einen Umstieg anzugehen, sollten Sie Ihren eigenen Dunstkreis allerdings verlassen.

Wenn Sie niemanden in Ihrem Wunschberuf kennen und auch niemanden, der jemanden kennt, dann rutschen Sie eine Schwierigkeitsstufe nach oben. Sprechen Sie eine fremde Person an, von der Sie vermuten, dass sie Ihnen Auskunft geben kann. Richard Bolles,[32] Autor von »Durchstarten zum Traumjob«, empfiehlt, sich einen Überblick über die Unternehmen im eigenen Umfeld zu verschaffen, die im Wunschbereich aktiv sind. Kontaktieren Sie die Firmen und bitten Sie um Auskunft. Rund 65 Prozent aller Menschen, die so nach einer neuen Tätigkeit suchen, sind laut Bolles erfolgreich. Er empfiehlt, Menschen zu fragen, wie sie zu ihrer Tätigkeit gekommen sind, was ihnen am besten an dem Job gefällt und was am wenigsten. Erkundigen Sie sich zuletzt nach einem Kontakt, der Ihnen noch mehr zum Beruf erzählen kann. So lernen Sie immer mehr Menschen in diesem Bereich kennen, bis jemand ohnehin einen neuen Mitarbeiter oder Praktikanten sucht. Mithilfe dieser Methode können Sie Ihr Netzwerk ausbauen. Welchen Kommunikationsweg Sie wählen, bleibt Ihnen überlassen. E-Mails können manchmal untergehen. Wie wäre es einmal mit einem Anruf oder einem persönlichen Gespräch?

Auch Personen mit anderen Funktionen können Ihnen beim Umsteigen behilflich sein. Wer dazu zählt, das stellen wir Ihnen im Folgenden vor:

Mentor: Man muss ja nicht gleich seine Lehrerin heiraten und sich auf den Topjob der französischen Politik bewerben, aber sicherlich können Lehrer, Bezugspersonen aus Familie und Freundeskreis, ehemalige Chefinnen und Ausbilder, Professoren und Trainer eine entscheidende Rolle beim Umsteigen und bei der eigenen Weiterentwicklung spielen. Ein Mentor ist erfahrener, gibt dem Mentee sein Wissen über Erfolge und Misserfolge mit auf den Weg und sorgt damit für Orientierung. Mentoring ist die Tätigkeit einer erfahrenen Person (Mentor/in), die ihr fachliches Wissen und ihre Erfahrungen an eine unerfahrene Person (Mentee) weitergibt.[33]

Wenn die Tochter einer Hollywood-Schauspielerin Schauspielerin in Hollywood wird, wie bewerten Sie das dann? Wenn Sie wie die meisten Menschen denken, dann schreiben Sie den Erfolg dieser Tochter dem Netzwerk und Vorbild ihrer Eltern zu. Sie wurde da schließlich »hineingeboren«. Hat Sie das Schicksal aber nicht mit schauspielenden Eltern oder Eltern in Ihrem Wunschberuf bedacht, kann ein Mentor hier eine ähnliche Rolle spielen und den Nachteil ausgleichen. Ein Mentor sollte für Sie im besten Fall ein Vorbild sein, Sie inspirieren und mit Kontakten versorgen. Kurz: Ein Mentor sollte Ihnen den Weg ebnen und beratend zur Seite stehen, wenn dieser einmal nicht so klar ist.

Mentoring kann in unterschiedlichen Formen stattfinden, innerhalb eines Unternehmens im Rahmen der Personalentwicklung, in Mentoring-Netzwerken, die zielgruppenspezifisch unterstützen, oder selbstorganisiert. Möchten Sie einen neuen Weg bei Ihrem aktuellen Arbeitgeber ausloten, bietet sich diese Möglichkeit an. Sprechen Sie dazu mit Ihrem Vorgesetzten oder mit der Personalabteilung und informieren Sie sich über unternehmensinterne Mentoring-Angebote.

Denken Sie darüber nach, Ihr Unternehmen zu verlassen, sollten Sie sich auch außerhalb des Unternehmens einen Mentor suchen. Insbesondere für Frauen gibt es viele Netzwerke und Mentoring-Angebote, die kostenlos sind. Aber auch darüber hinaus finden sich einige Mentoring-Angebote im Netz. Schauen Sie, ob Sie etwas Passendes für sich finden. Alternativ können Sie sich auch eigenständig um einen Mentor bemühen.[34]

Bei der Auswahl eines passenden Mentors hilft es, sich vorab einige Fragen zu beantworten. Was erhoffen Sie sich von einer Mentor-Mentee-Beziehung? Wie viel Zeit wollen Sie investieren und vom Mentor erbitten? Haben Sie Vorbilder, wer inspiriert Sie?

Das Wichtigste für ein gelingendes Mentoring ist, dass Sie und der Mentor sich sympathisch finden. Wie sonst wollen Sie persönliche Ratschläge von ihm annehmen? Ein Mentor sollte darüber hinaus über mehr Erfahrung als Sie verfügen, insbesondere in dem Bereich, für den Sie sich interessieren. Nicht nur ältere Menschen können Mentoren sein, wichtig sind hierbei nur das Wissen und die jeweiligen Erfahrungen. Auch über ein gutes Netzwerk sollte ein Mentor verfügen. Generell sollten Sie also einem potenziellen Mentor vertrauen und sich ihm öffnen können, um wirklich zu profitieren.

Wenn Ihnen das Mentoring wie eine einseitige Geschichte vorkommt, dann können wir Sie beruhigen. Emilio hatte mehrere Mentoren, die ihm sehr geholfen haben. Aber die Hilfe, die er von seinen Mentees bekommen hat, wiegt mindestens genauso viel.

Einen ganz wesentlichen Fehler als Manager hat Emilio einer seiner Mentees aufgezeigt, Jock, ein Mittzwanziger aus Brooklyn, ein unglaublich heller Junge. Er erzählte von einer schockierenden Mitarbeiterversammlung in seiner Firma. Der Eigentümer und seine Frau waren auch Geschäftsführer, und das war Teil des Problems. Aber eben nur Teil. Denn problematisch war auch die Tatsache, dass beide extrem innovative Köpfe waren, aber die Frau nicht allein kreative Aufgaben wahrnahm, sondern auch die ganze Administration verantwortete. Dafür war sie jedoch weder ausgebildet noch begabt. Außerdem führte das rasante Wachstum des Unternehmens zu einer enormen Überarbeitung des gesamten Teams, und alle ächzten unter der Arbeitslast.

Eines Tages, kurz vor Weihnachten, beriefen Douglas und Jill, die beiden Eigentümer und Geschäftsführer, ein Teammeeting ein. Dort sprach das Paar zum ersten Mal ganz offen alle Probleme an, fügte noch persönliche Details zu den Spannungen in ihrer Beziehung an und verkündete dann einen Plan, wie man das alles lösen konnte.

Emilio fand das gut und sagte es Jock: »Wo ist das Problem? Sie haben erkannt, was nicht läuft, und haben Lösungen angeboten …« Jock erklärte Emilio, dass dieses Teammeeting das erste dieser Art überhaupt war. Außerdem waberten die Probleme seit über einem Jahr durch die Firma, wurden aber immer unter den Teppich gekehrt und wegmoderiert. So wurden sie zu einer Tabuzone, die wie ein bleierner Nebel über den Schreibtischen der Mitarbeiter hing. Und auf einmal, innerhalb einer knappen Stunde, wurden die Probleme angesprochen, aber nur bruchstückhaft, allein aus der Perspektive von Douglas und Jill. Vieles stimmte, aber andere Dinge waren missverstanden worden, und es wurden Lösungen für Probleme präsentiert, die es gar nicht gab. Wie die Trainerin und Coach Waltraud Glaeser sagt: »Man hat die Kuh vom Eis gekriegt, ohne dass es eine Kuh gab oder Eis …«

Das hat Emilio an einen Vers aus dem Theaterstück »Der Brandner Kaspar und das ewig' Leben« erinnert, in dem es heißt: »Die Preußen sprechen ihren ganzen Denkvorgang mit. Der Bayer gibt's Ergebnis nur bekannt.« Emilios Fehler als Führungskraft war eine bayerische Kommunikation, die seine Mitarbeiter nicht mitnahm, vor allem, weil er ihnen vorher nicht richtig zugehört hatte. Das hatte ihm der sechsundzwanzigjährige Jock, sein Mentee und eigentlich ein Greenhorn, beigebracht. Emilio hat daraus immens gelernt und nie wieder den Fehler gemacht, nichtexistierende Huftiere von unvereisten Seen zu holen.

Bevor Sie Ihren potenziellen Mentor ansprechen, überlegen Sie sich, was Sie als Mentee interessant macht. Und auch hier ist es wieder wichtig, dass Sie Ihr persönliches Warum klar formulieren können. Wenn Sie also auf einen Mentor zugehen und ihm beispielsweise eine E-Mail schreiben, dann erzählen Sie Ihre Geschichte, Ihr Anliegen und den Grund, warum Sie sich wünschen, dass speziell dieser Mensch Sie auf Ihrem Weg als Mentor begleitet. Wie bereits in Kapitel 6 thematisiert, geht auch hier nichts, ohne zu fragen. Von nichts kommt nichts. Also, sprechen Sie Ihren Chef an, Ihre Personalabteilung, ein für Sie interessantes Mentoring-Netzwerk oder sogar den potenziellen Mentor selbst. Im schlimmsten Fall bekommen Sie ein Nein. Und wie sich das in ein Ja verwandeln lässt, wissen Sie ja jetzt. Oftmals sind es gerade Menschen, von denen wir ein Nein erwarten würden, die uns überraschen. So hat der ehemalige Unternehmensberater Ali beispielsweise sein langjähriges Vorbild per E-Mail kontaktiert, seine Geschichte erzählt und ihm seinen Wunsch mitgeteilt, von ihm lernen zu dürfen. Schon kurz darauf bekam er nicht nur die Zusage für das Mentoring, sondern auch die Einladung zu einem persönlichen Treffen. Heute sehen sich die beiden regelmäßig und lernen voneinander.

Coach: Aber auch der Coach kann eine wichtige Bezugsperson sein, die uns hilft, zu lernen und uns unserem Ziel des Umstiegs zu nähern. Was ist Coaching eigentlich und wie unterscheidet es sich vom Mentoring? Coaching ist ein interaktiver und personenzentrierter Begleitungsprozess, der berufliche und private Inhalte umfassen kann. Im Vordergrund steht die berufliche Rolle bzw. damit zusammenhängende aktuelle Anliegen des Klienten.[35]

Coaching ist aufgabenorientiert, kurzfristig angelegt und leistungsorientiert. Mentoring basiert auf Beziehung, ist langfristig ausgerichtet und möchte Entwicklungen anstoßen.[36]

Es gibt Unternehmen, die das berufliche Coaching bezahlen, und es gibt mutige und unternehmerisch denkende Menschen, die eigenes Geld in Coaching investieren. Es gilt auszuloten, welche Möglichkeiten Sie haben, sollte ein Coach für Sie infrage kommen.

Wie läuft so ein Coaching-Prozess? Wo fangen Sie an? Ähnlich wie bei der Auswahl des Mentors ist es wichtig, einen Coach zu finden, mit dem Sie sich wohlfühlen und arbeiten mögen. Es gibt viele Arten von Coaching. Entscheiden Sie sich für jemanden, der auf Ihre Fragestellung spezialisiert ist. Wenn ein Coach seinen

Schwerpunkt auf Beziehungen oder Burn-out gelegt hat, ist er nicht unbedingt die erste Wahl, wenn es um die berufliche Neuorientierung geht. Hilfreich bei der Coachauswahl ist es, persönliche Empfehlungen aus dem Bekanntenkreis einzuholen. Aber auch eine Internetrecherche kann Ihnen in dieser Angelegenheit weiterhelfen. Bevor Sie sich endgültig für einen Coach entscheiden, sollten Sie ohnehin ein Vorgespräch mit diesem führen, das in der Regel kostenfrei angeboten wird. Hier können Sie den Coach hinterfragen, herausfinden, mit welchen Tools dieser arbeitet, und klären, ob die Chemie zwischen Ihnen stimmt.

Bevor es in das Coaching geht, treffen Sie mit Ihrem Coach üblicherweise eine Vereinbarung. Sie sollten sich im Klaren darüber sein, was Ihre Erwartungen an Ihr Coaching sind und welches Ziel Sie verfolgen. Außerdem können Sie hier den organisatorischen Rahmen abstecken, etwa wie viele Sitzungen es geben soll und wie hoch die Kosten sind.

Ein Coach gibt grundsätzlich keine Ratschläge. Er ist kein Wegweiser oder jemand, der einem Lösungen aufzeigt. Vielmehr stellt ein guter Coach die richtigen Fragen und verhilft dem Coachee so dazu, andere Perspektiven einzunehmen, selbst eine Lösung zu finden und diese dann umzusetzen. Als Hilfe zur Selbsthilfe kann man es also beschreiben. Alle Schritte können regelmäßig mit dem Coach reflektiert und so auf Erfolg überprüft werden. In jeder Sitzung können Sie Ihre Lösung so Stück für Stück weiterentwickeln und für sich überprüfen, ob sie der richtige Weg sein könnte.

Viele Coaches arbeiten systemisch. Das bedeutet, dass neben dem Coachee auch sein Umfeld betrachtet wird, denn jeder Mensch ist immer auch Teil eines Systems, in dem es Wechselwirkungen gibt.

Die Phase der Umorientierung ist in der Regel eine stürmische Zeit. Gefühlsschwankungen sind hier gang und gäbe. Coaching-Sitzungen helfen Ihnen, Ihr Ziel nicht aus den Augen zu verlieren und wieder einen klaren Kopf zu bekommen. Es ist kein Hexenwerk, sicherzustellen, dass man mit gutem Coaching einen besseren Umstieg hinbekommt.

Der Umstieg war das Kernthema von Deirdre, eine Beamtin aus Dublin, die »todunglücklich« über ihren Job war und mit Leidenschaft bat: »Helfen Sie mir, aus dem öffentlichen Dienst auszusteigen!« Doch in vielen Sitzungen wurde klar, dass sie ihren Job liebte. Sie war für einen Bereich in der Regierung tätig, in dem über die Förderung von Schuleinrichtungen für Kinder mit Asperger-Syndrom entschieden wurde. Ihr Job hatte eine starke Sinnhaftigkeit, und sie hätte ihn auch für die Hälfte des Gehalts gemacht, wenn sie sich das hätte leisten können. Sie zeigte Emilio Briefe von Eltern, die ihr dankten, und dabei strahlte sie über das ganze Gesicht. Was sie frustrierte, war das starre Regelwerk, die Regularien für die Vergabe von Mitteln. Dafür machte sie den gesamten öffentlichen Dienst verantwortlich und wollte deshalb in die freie Wirtschaft. Aber eine Urlaubsvertretung bei einer anderen Abteilung im selben Ministerium zeigte ihr, dass es ganz anders ging. Man hatte viel mehr Spielräume zu gestalten, ohne die Regeln zu verletzen. Das merkte sie aber erst durch die Interaktion mit der Abteilungsleiterin, die ihr zeigte, wie man diese Spielräume nutzte. Deirdres Chef in ihrem eigentlichen Job war aber ein Angsthase und extrem entscheidungsschwach, legte also alle Regeln grundsätzlich schärfer aus, als es notwendig gewesen wäre. Das Problem war also nicht der öffentliche Dienst, sondern ihr Chef. Für solche Erkenntnisse kann ein strukturierter Coaching-Prozess extrem hilfreich sein. In diesem Fall war das Ergebnis »nur« ein Umsteigen von einer Abteilung in eine andere, um sich die Beförderungspunkte zu holen, die es ihr ermöglichen würden, zurück in ihre alte Abteilung, aber auf eine höhere Position zu gehen. Was sie tat, als der hasenfüßige Chef in Pension ging und sie dessen Job übernahm.

Berufsberater: Was ist eigentlich aus der klassischen Berufsberatung geworden? Die meisten von uns dürften sich noch an die Berufsberatung zu Schulzeiten erinnern. Man beantwortete ein paar Fragen am Computer, der einem vorschlug, Hotelmanager zu werden, weil man gern reiste. »Sie lesen gern Bücher? Dann werden Sie Verkäuferin in einer Buchhandlung!«, war der Tipp, den eine Klientin von mir während ihrer Schulzeit vom Arbeitsamt bekam – und beherzigte. Sie liebte Bücher, aber der Job als Verkäuferin erfüllte sie nicht.

Wer Berufsberatung für etwas hält, das nur für Schüler nützlich sein kann, der irrt. Wer das glaubt, hat nicht mitbekommen, dass die ersten Menschen, die einhundertfünfzig Jahre alt werden, heute schon geboren sind. Wir leben alle viel länger, und wir werden über eine berufliche Strecke von 50 bis 70 Jahren mehrmals die Chance haben, uns neu zu erfinden, nochmals zu studieren oder uns ausbilden zu lassen und neue Karrierewege zu gehen. Die neue Langlebigkeit ist nicht nur eine Sorge mehr, weil man eine Altersvorsorge für einen viel längeren Zeitraum aufbauen muss oder über längere Zeit ein Pflegefall ist. Nein, sie ist auch eine große Chance. Man kann ein erfülltes Leben haben, in dem man mit Lust Politik gemacht hat, dann seiner Neugier als Journalist nachgegangen ist, bevor man als Manager gearbeitet hat und schließlich als Coach und Buchautor. Fiktives Beispiel? Nein, das ist der berufliche Werdegang von Emilio. Der Beruf des Berufsberaters erhält damit eine Renaissance. Die Fragen, die sich über Jahrzehnte nur zum Berufseinstieg gestellt haben, werden sich nun in regelmäßigen Abschnitten erneut stellen. Und zwar gerade dann, wenn sich die Welt wieder einmal so stark weiterentwickelt hat, dass alte Tätigkeiten und Jobs nicht mehr gefragt sind.

Das Konzept der Berufsberatung hat sich ebenfalls weiterentwickelt. Es gibt heute viele gute privatwirtschaftliche Angebote. Jannike schlägt als Berufsberaterin beispielsweise die Brücke zwischen dem alten Modell der Berufsberatung und der heutigen Orientierungshilfe. Auch bei ihr lautet das Motto »Hilfe zur Selbsthilfe«. Im Unterschied zu klassischem Coaching kürzt Jannike den Prozess allerdings ab. Nach einer ausführlichen Analyse der Talente, des persönlichen Wertesystems sowie der Dinge, die Freude und Flow bereiten, unterbreitet sie mehrere Berufsvorschläge und Geschäftsideen, die zu den herausgearbeiteten Punkten passen könnten. Der Ratsuchende selbst entscheidet, welche Ideen ihn am meisten ansprechen. Er lernt Strategien, um die Thesen in der Realität für sich validieren zu können. Ab diesem Punkt geht es für den Klienten dann wieder in die Selbstregulation, also den Vorgang, bei dem man sich selbst steuert. Die Theorie dahinter ist, dass ein anderer uns nicht sagen kann, was das Richtige für uns ist. Wie soll das eine fremde Person auch können, wenn wir nicht einmal selbst eine Antwort haben? Dennoch kann der Blick von außen helfen und die Ausgangsbasis wieder sichtbar machen. Ebenfalls kann es helfen, wenn eine Person, die Ihnen nicht nahesteht, die beruflichen Optionen in ihrer Gesamtheit überprüft und dann deren Anzahl wieder reduziert. Sie können es, im Gegensatz zum Coaching, als nachteilig empfinden, dass man die Erfolge nicht gänzlich als die eigenen wahrnimmt, weil der Berater Ihnen den Weg gewiesen hat. Berufsberatungen, die mit nur einer beruflichen Empfehlung werben, sollten mit Vorsicht genossen werden. Auch sie können wertvolle Impulse liefern und Treffer landen, auf der anderen Seite bergen sie die Gefahr, dass Sie in eine Angststarre verfallen, weil Sie an der einen Lösung zweifeln, sich nicht trauen, alles auf eine Karte zu setzen, und deswegen lieber gar nichts tun.

Denken Sie auch hier wieder an das Ausprobieren. Sie brauchen zu diesem Zeitpunkt noch keine perfekte Lösung zu haben. Sie dürfen die Empfehlungen in Interviews, Praktika oder Hospitationen überprüfen. Das ist nicht nur völlig legitim, sondern auch empfehlenswert. Spüren Sie in den Beruf hinein, und entscheiden Sie erst dann über weitere Schritte.

Headhunter: Ja, und dann gibt es noch die Headhunter, eine weitere besondere Beziehung zu einem Profi, die Sie nutzen können. Wir haben viele Erfahrungen mit Headhuntern und Personalberatern gemacht. Emilio sitzt heute sogar im Beirat der führenden Personalberatung für Kommunikatoren. Blutig geht es bei den »Kopfjägern« nicht zu, aber man sollte dennoch die Regeln des Geschäfts kennen. Die Zusammenarbeit mit einem Headhunter sollte man erst am Ende des Umorientierungsprozesses in Erwägung ziehen. Nämlich dann, wenn Sie bereits wissen, in welche Richtung Sie gehen möchten. Je besser man weiß, was man will, desto unkomplizierter ist die Ansprache eines Personalberaters sowie der Umgang mit Angeboten, die über ihn kommen.

Ein Headhunter wird von einem Unternehmen beauftragt, eine oder mehrere Stellen zu besetzen. Der Headhunter greift auf sein großes Netzwerk und daraus hervorgehende Empfehlungen zu sowie auf Kandidaten, die er in Fachzeitschriften und Tagungsprogrammen findet. Für Unternehmen sucht er die passenden Kandidaten für die jeweilige Position heraus. Vielleicht wurden Sie ja auch schon einmal von einem Headhunter angerufen oder haben von ihm eine E-Mail bekommen. Viele Headhunter suchen neue Kandidaten auch über die Plattformen Xing und LinkedIn. Ein gepflegtes Profil in diesen Netzwerken ist also schon einmal empfehlenswert. In der Regel wendet sich der Headhunter an den Kandidaten. Aber darf man auch selbst bei einem Headhunter vorstellig werden? Generell ist das natürlich möglich. In Headhunter-Kreisen gilt aber ein Kandidat, der sich selbst meldet, als wenig überzeugend, da er nicht anderweitig auf sich aufmerksam machen konnte und in seiner Branche nicht bekannt ist. Wenn Sie aber umsteigen, sieht die Sache anders aus. Wenden Sie sich also, sobald Sie wissen, in welche Richtung es gehen soll, an einen Headhunter, und stellen Sie sich vor. Erklären Sie ihm dabei die Hintergründe Ihres Wechsels und welche Kompetenzen Sie für den neuen Job mitbringen. In seiner Kartei aufgenommen zu werden, kann Ihre Chancen auf einen passgenauen, neuen Job erhöhen.

Jannike und Emilio ist das kleine Kunststück gelungen, einen Personalberater auszufragen.

Interview mit Osvaldo Danzi, Headhunter

In einem Interview mit Osvaldo Danzi, Gründer des Netzwerks Fiordirisorse in Italien und ein bunter Hund unter den Headhuntern, vertraut der Headhunter den beiden Autoren die besten Tricks des Geschäfts an.

Osvaldo Danzi ist der Meinung, man solle seine Leidenschaften zum Job machen. Er lebt es vor. Er hat die Business Community Fiordirisorse rund um Führung und Personalthemen gegründet, von LinkedIn als italienische Erfolgsgeschichte porträtiert. Er redet Klartext. Er hat das einzige italienische Masterprogramm ins Leben gerufen, das innerhalb von Unternehmen stattfindet, »ethisch, kostengünstig und von Firma zu Firma wandernd«. Über einhundert Firmen haben diesen Austausch zwischen Praktikern bereits unterstützt. Er ist Herausgeber eines Magazins zu Personalthemen mit dem Titel »SenzaFiltro«.

Osvaldo, was ist ein kreativer Headhunter?

Jemand, der sich nicht darauf beschränkt, Prozesse zu standardisieren, zum Beispiel die Recherche. Er passt sich jeder Recherche und jedem Kandidaten neu an. Er ist derjenige, der den Unternehmen hilft, die Personalsuche unter einem neuen Blickwinkel zu betrachten. Um dies zu tun, muss er ein funktionierendes Netzwerk haben, er muss die Kandidaten ausreichend kennen. Heute ist der Mehrwert nicht mehr, einer Firma einen Lebenslauf zu präsentieren, sondern den Menschen an sich. Von den Kandidaten weiß er, welche Werte sie haben, welchen kommunikativen Stil er oder sie hat und wie die jeweilige Person mit Mitarbeitern und Referenzgebern interagiert.

Oft hat man den Eindruck, Personalberater schreiben einfach nur die Karriere der Kandidaten linear fort und schlagen ihnen nur Jobs vor, die »mehr vom selben« sind. Dem Referatsleiter Accounting einer Versicherung werden Abteilungsleiterjobs Accounting in der Assekuranz angeboten ...

Die Firmen suchen den »sicheren« Kandidaten, den Branchenexperten, idealerweise mit einer Kundendatei, die er mitbringt. Das ist der große Fehler. Es ist mittlerweile erwiesen, dass die Befruchtung aus anderen Branchen den wahren Mehrwert darstellt. Kandidaten aus einer anderen Branche können das Unternehmen bereichern, weil Vielfalt die Veränderung befördert. Dabei widersprechen sich Firmen oft. Beim ersten Briefing sagen sie, dass sie einen Mitarbeiter mit einem Nachfolger ersetzen wollen, der wirklich anders sein soll. Dann wählen sie aber Kandidaten, die dem traditionellen Profil entsprechen, mit der Ausrede, man wolle die internen Gleichgewichte beibehalten.

Wird ein Lebenslauf durch ein Sabbatical entwertet? Versteht der Markt schon den Wert eines solchen Instruments für die Repositionierung eines Kandidaten?

Oft versteckt man einen langen Zeitraum der Arbeitslosigkeit hinter einem Sabbatical, weil der Kandidat Angst hat, dass der Personalberater die Unterbrechung im Lebenslauf negativ bewertet. Aber ein professioneller Recruiter wird eine schwierige konjunkturelle Situation, Restrukturierungen, Beschäftigungsschwierigkeiten und Zeitverträge einzuordnen wissen. Wer allerdings eine Auszeit nimmt, um sich zu verbessern, neue Erfahrungen zu sammeln, eine Sprache zu erlernen, sich selbst infrage zu stellen, der sollte meines Erachtens als besonders interessanter Kandidat bewertet werden.

Wie beurteilen Sie die Offenheit für kurze »Schnupperjobs«?

Unsere Arbeitskultur ist immer noch von den Vorstellungen von Festanstellung und langer Betriebszugehörigkeit dominiert. Vielleicht wird die neue Generation an Unternehmern offener sein und ihre Tore für neugierige Kandidaten und Bewerber der jüngeren Generationen öffnen, die verschiedene Erfahrungen sammeln möchten. Momentan bewerten die Personalchefs zu viele Erfahrungen noch als mangelnde Zuverlässigkeit.

Wie erkennt man jemanden, der für seinen Job brennt?

Kandidaten, die Feuer und Flamme für ihren Beruf sind, sprechen über ihre Mentoren und können von ihrem Team erzählen, das ihnen geholfen hat, erfolgreich zu sein. Sie benutzen selten das Wort »ich« und oft das Wort »wir«.

Sind die Personalchefs mit den veränderten Anforderungen des Marktes mitgewachsen?

Da bin ich sehr skeptisch. Jüngst zeigte mir eine Personalsuche die Grenzen auf. Ein Unternehmen aus Parma suchte einen Personalchef, der die Corporate University aufbauen würde, das Talent-Management. Gesucht war ein Kandidat, der für das Thema Personalentwicklung brennt und die Arbeitgebermarke neu und stark positionieren will. Es ging also um die dankbarsten Aspekte des Personaler-Jobs. Doch die Reflexe bei den Interviews waren die alten: Die Kandidaten haben sich vor allem so verkauft, dass sie betont haben, wie oft und erfolgreich sie schon Sozialpläne und Restrukturierungen begleitet haben. Ich habe wirklich Schwierigkeiten zu verstehen, warum ein Personalchef sich den Arbeitsplatzabbau mehr zu Herzen nimmt als die Entwicklung der Organisation.

Wie gewinnt man Frauen und Millennials für ein Unternehmen?

Vergessen Sie Fitnessklubs im Unternehmen, Dienstwagen sowie die Ausstattung mit Smartphones und Tablets. Das wichtigste Incentive ist die Zeit. Die Menschen wollen sich selbst ihren Fitnessklub aussuchen, die Schulen, wo sie ihre Kinder hinschicken, sie wollen wissen, dass niemand ihnen das Smartphone oder das Tablet wegnehmen kann, wenn sie den Job wechseln. Sie wollen den Respekt vor dem Familienleben und die Aufgabe des Mythos, dass der ideale Mitarbeiter rund um die Uhr erreichbar – oder gar ein Workaholic – sein muss. Wenn man ihnen die Wahl der Arbeitszeit überlässt, um ihnen zu erlauben, ihr Privatleben bestmöglich zu organisieren, werden es effizientere und loyalere Mitarbeiter werden.

Nimmt die Bedeutung der Sinnhaftigkeit eines Jobs für die Wahl eines Arbeitgebers zu oder ist das eine Illusion?

Immer häufiger sagen mir Kandidaten, dass sie für bestimmte Unternehmen oder Branchen nicht arbeiten möchten. Dabei geht es nicht nur um die üblichen Kandidaten, Tabakfirmen, Kernkaftwerksbetreiber und Rüstungsunternehmen. Es geht dabei auch um einzelne Firmen, sogar mit weltweit führenden Marken und aus Branchen, die als sexy gelten. Es ist kein Geheimnis, dass Unternehmen wie Ferrari, mit einer unverkennbar starken Marke, sehr stark sind, wenn es darum geht, Kandidaten für einen Einstieg zu gewinnen, aber sehr schwach, wenn es darum geht, sie lange zu halten.

Was ist ein guter Personalchef, eine gute Führungskraft?

Ein guter Leader ist neugierig. Jemand, der immer neue Stakeholder kennenlernen will und jede Woche als einen Zeitraum des Lernens betrachtet. Eine Person, die aus dem Unternehmen und dem eigenen Büro rausgeht, die sich informiert, die in echten und in sozialen Netzwerken agiert, die sich und ihr Unternehmen positioniert sowie die Best Practices des Marktes kennt. Ein guter Leader analysiert neue Weiterbildungsmodelle, vertraut sich nicht immer denselben mehr oder weniger nebulösen Business Schools an und ist in seinem Beruf ein Opinion Leader. Aber um all dies zu sein, muss die Führungskraft schreiben, dokumentieren, sich entwickeln und Zeit für diese Aktivitäten freischaufeln, die sie nie zur Genüge haben wird, weil dies alles kein greifbares Asset ist.

Manchmal braucht man das alles aber auch gar nicht, da wartet die Lösung gleich hinter der nächsten Ecke: Freunde, Verwandte und gerne auch frische Bekanntschaften, die wertvolle Tippgeber sein können. Zum Ausprobieren ist das bekannte Umfeld ideal, beispielsweise ein Freund, der Landschaftsgärtner ist, genau das, was Sie möglicherweise machen möchten. Hier können nen Sie sich testen und Informationen bekommen. Die Weiterempfehlung über Freunde und Familie kann oft schneller zum Ziel führen, als Ratgeberseiten zu lesen. Auch das haben Jannike und Emilio mehrmals erfahren.

Ach ja, und dann wären da ja noch die **sozialen Netzwerke.** Wer sich fragt, ob sie diesen Namen verdienen, darf gern den Test wagen. Die Welt von Social Media unterliegt einem steten Wandel. Es gibt viele verschiedene Netzwerke, die sich während des Umsteigens unterschiedlich nutzen lassen. Wir haben einige dieser Plattformen herausgegriffen, die sich für uns bewährt haben.

Xing: Das deutsche Geschäftsnetzwerk kann für viele verschiedene Dinge genutzt werden. Xing-Nutzer verfügen über ein Profil, in dem sie ihre beruflichen Daten hinterlegen, sich mit ihren Kontakten vernetzen sowie Kontakt- und Jobgesuche vermerken können. Über Foren und Gruppen können die Nutzer Gleichgesinnte finden, die an ähnlichen Themen interessiert sind. Sie können ihre neuen Kontakte über ihren Beruf ausfragen, sich bei ihnen für ein Praktikum bewerben oder gleich auf Jobsuche gehen. Auch Headhunter nutzen dieses Netzwerk und suchen passende Kandidaten für die von ihnen zu besetzenden Stellen. Dabei hilft es, aussagekräftige Schlagworte für das eigene Profil zu verwenden, sodass Sie gefunden werden. Sind Sie bereits mit Headhuntern auf Xing vernetzt oder haben Sie Kontakte, von denen Sie sich mehr erhoffen, sollten Sie hin und wieder Ihr Profil aktualisieren. So werden Sie im Nachrichtenfeed derjenigen Personen angezeigt, ohne sie explizit kontaktieren zu müssen und womöglich aufdringlich zu erscheinen. Sie können das Netzwerk auch nutzen, um sich beruflich inspirieren zu lassen. Schauen Sie sich die Werdegänge und Tätigkeiten Ihrer Kontakte an, oder suchen Sie nach Schlagworten. Auch Unternehmen können sich bei Xing präsentieren und Stellenausschreibungen veröffentlichen. Passend zu Ihrem Profil und Ihren Interessen werden Ihnen daher dort immer mal wieder offene Stellen vorgeschlagen.

LinkedIn: LinkedIn ist ein amerikanisches berufliches Netzwerk und funktioniert ähnlich wie Xing, allerdings mit internationalerer Ausrichtung. Auch hier gilt: Treten Sie relevanten Gruppen bei, halten Sie Ihr Profil aktuell, und vernetzen Sie sich. Interessant bei LinkedIn ist der internationale Aspekt sowie die Möglichkeit, sein Profil in mehreren Sprachen zu hinterlegen.

Facebook: Jannike postete auf Facebook nicht nur ihre Blogartikel auf ihrer Seite, sondern suchte auch Jobs, Übernachtungsmöglichkeiten sowie Empfehlungen über die Plattform. Crowdsourcen Sie also Ihren Umsteigeprozess. Als Crowdsourcing[37] wird die Auslagerung von Aufgaben auf freiwillige User bezeichnet. Dies wird von Unternehmen genutzt, um die Verarbeitungsgeschwindigkeit sowie Qualität und Flexibilität zu steigern und letztendlich die Kosten zu senken. Auch für private Dinge können Sie diese Methode nutzen. Wenn Sie Aktien kaufen wollen und Ihr/e Ehepartner/in über viel Wissen auf den Finanzmärkten verfügt, dann würden Sie ihn/sie auch um Hilfe bitten, richtig? Genauso können Sie auf Facebook vorgehen. Irgendeiner Ihrer Kontakte verfügt bereits über das Wissen oder die Kontakte, nach denen Sie aufwendig suchen müssen. Darüber hinaus gibt es bei Facebook ebenfalls viele Gruppen, in denen branchen- und interessenspezifisch Stellenausschreibungen gepostet werden. Es schadet auch nicht, die Seite von Firmen zu liken, an denen man interessiert ist. Auch dort erfahren Sie in der Regel, wenn Personal gesucht wird.

Instagram: Auf Instagram teilen die Nutzer Fotos mit ihren Followern. Es besteht die Möglichkeit, ein öffentliches oder privates Profil anzulegen. Wenn Sie einer Person auf Instagram folgen, werden Ihnen deren Bilder und Texte in Ihrem Nachrichtenfeed angezeigt. Die Zugriffsmöglichkeiten auf die Fotos, die Sie selbst teilen, können Sie über Ihre Kontoeinstellungen steuern. Das Gute an Instagram ist, dass Sie gezielt nach Nutzern mit den gleichen Interessen suchen und sich vernetzen können. Dazu können Sie beispielsweise nach Hashtags suchen und Nutzer finden, die diese Hashtags nutzen. Ein Hashtag können Sie sich wie einen Ordner auf Ihrem Computer vorstellen. Dort legen Sie vielleicht all Ihre Fotos des letzten Urlaubs in den Ordner »Urlaubsfotos«. Genauso funktioniert ein Hashtag, nur dass Sie, statt Ihr Foto in einen Ordner zu legen, eine Raute gefolgt von dem Ordnernamen unter dem Foto vermerken. Instagram legt Ihr Foto dann zu den Fotos aller anderen Nutzer, die den gleichen Hashtag genutzt haben. Suchen Sie nach Begriffen, die mit Ihrem beruflichen Ziel zu tun haben, und verknüpfen Sie sich mit den Nutzern, die ein Foto unter diesem Begriff gepostet haben und deren Profile Sie interessant finden. Noch etwas besser funktioniert es, wenn Sie sich die Follower einer bestimmten Seite anschauen. Überlegen Sie beispielsweise, ein Atelier zu eröffnen, können Sie nach den Instagram-Profilen lokaler Ateliers suchen. Von den Abonnenten dieser Seite wissen Sie nun, dass Sie sich ebenfalls für Ihr Thema interessieren und einen Bezug zu Ihrem Wohnort haben. Hier kann der ein oder andere gute Kontakt für Sie schlummern. Jannike konnte so viele gute und nachhaltige Geschäftskontakte knüpfen, aus denen sich zum Teil sogar Freundschaften entwickelt haben.

Meetup: Meetup ist ein digitales soziales Netzwerk, das die analoge zwischenmenschliche Begegnung zu seinem Ziel gemacht hat. Mittlerweile kann man die Website in vielen deutschen Städten nutzen, um gleichgesinnte Menschen zu treffen. Nutzer treten auf der Plattform Gruppen bei, die sich mit für sie interessanten Themen beschäftigen. Hier finden Sie Menschen für gemeinsame Aktivitäten, wie Stadtspaziergänge, Töpfern oder Tanzen im Wald. Mittlerweile wird das Netzwerk auch für berufliche Events genutzt und Paneldiskussionen, Workshops und Vortragsreihen veranstaltet. Andere Menschen auf diesen Veranstaltungen kennenzulernen lässt sich kaum vermeiden. Außerdem können Sie interessante Impulse mitnehmen. Für das Umsteigen sind Meetups also durchaus zu empfehlen.

Neben den genannten Netzwerken gibt es unzählige mehr, und es werden kontinuierlich mehr werden. Twitter, Snapchat, Skype, YouTube und Co. bieten alle berufliches Potenzial, das Sie bei Interesse für sich ausloten können.

Meine Freunde und Helfer

Freunde und Bekannte können auch zu Sparringspartnern werden und Sie bei der Entwicklung von Zwischenzielen unterstützen. Das kann hilfreich sein, um die freigeschaufelte Zeit wirklich sinnvoll zu nutzen und seine Komfortzone regelmäßig zu verlassen. Eine effektive Methode, berufliche Ziele zu erreichen, ist zum Beispiel das Einrichten einer Mastermind- oder Erfolgsgruppe.[38]

Interview mit Patrick Baumann, Billardsalon-Betreiber und digitaler Nomade

Patrick, du bist Teil einer Mastermind-Gruppe. Was ist das und wozu ist das gut?

Die Mastermind-Gruppe dient dazu, Verbindlichkeiten für die eigene Arbeit zu schaffen und natürlich Impulse von außen zu bekommen. Wir sind vier Personen in unserer Gruppe und beruflich alles Einzelkämpfer. Wir treffen uns in der Regel einmal die Woche für eine Stunde. Bei jedem Treffen legt jeder ein neues Wochenziel fest. Das muss nichts Großes sein, sollte aber schon eine gewisse Wichtigkeit haben. Den eigenen Schreibtisch aufzuräumen wäre als Ziel beispielsweise zu klein.

Jeder beantwortet vier Fragen:

1. Was habe ich in der vergangenen Woche in Bezug auf die Erreichung meines Ziels gemacht?
2. Was ist zurzeit meine größte Herausforderung?
3. Was ist meine größte Chance?
4. Was nehme ich mir für nächste Woche vor?

Die Antworten auf diese Fragen protokollieren wir. Zusätzlich sitzt ein Teilnehmer noch auf dem sogenannten heißen Stuhl, wo ein Thema genauer beleuchtet wird. Die Zeit auf dem heißen Stuhl ist dann beendet, wenn derjenige, der ihn innehat, zufrieden ist. Für mich ist der wesentliche Nutzen der Mastermind-Gruppe, eine Verbindlichkeit für mich zu bekommen. Sonst verschiebe ich gern Dinge auf den Sankt-Nimmerleins-Tag.

Welchen Rhythmus empfiehlst du für Mastermind-Sitzungen? Was sollte man beachten?

Einmal pro Woche sollte eine Sitzung stattfinden. Wir haben keinen festen Termin, sondern stimmen uns immer wieder neu ab. Wichtige Themen gehören auf den heißen Stuhl. Vier bis fünf Personen sind aus meiner Sicht das Maximum für eine Gruppe. Sind zu viele Leute in einer Gruppe, werden die Diskussionen zu lang. Das ist auch nicht gut. Es ist sehr wichtig, Leute zu finden, die sich wirklich verbindlich zu der Mastermind-Gruppe anmelden. Die Verbindlichkeit ist sehr wichtig für die Verfolgung der Ziele.

Inwiefern hat dir das Vorgehen geholfen, deine beruflichen Ziele zu erreichen?

Mir hilft es sehr. Generell hilft es ja, Ziele aufzuschreiben und zu verkünden. Noch besser ist es, wenn andere die Ziele kennen und nachfragen. Wenn jemand in einer Mastermind-Gruppe mehrfach hintereinander etwas nicht gemacht hat, was er sich vorgenommen hatte, dann fragt man schon mal genauer nach, woran es lag. Mir hat das schon öfter geholfen, den Themen, die ich sonst verschoben hätte, eine andere Priorität zu geben. Das ist für mich der Hauptnutzen.

Wichtig ist auch, offen zu sein und seine Anliegen ehrlich zu teilen. Am Anfang kamen in unserer Gruppe hin und wieder einmal Zweifel auf, und wir haben uns gefragt, warum wir die Zeit investieren. Wir kannten uns zu wenig und haben die wirklich wichtigen Anliegen untereinander nicht offen geteilt. Dann kann eine Mastermind-Gruppe natürlich auch nicht funktionieren. Wir haben dann einen Slack-Channel[39] eingeführt, auf dem wir uns eine Zeit lang täglich auf dem Laufenden gehalten haben, was in unserem Leben gerade los ist. Wir haben uns in dieser Phase besser kennengelernt und brauchen das tägliche Updaten heute nicht mehr. Jedes Mitglied sollte wissen, warum es Teil der Mastermind-Gruppe ist, und ein Ziel haben, das es verfolgt. Wenn jemand das Gefühl hat, es bringt ihm nichts, dann liegt es häufig daran, dass er nicht ganz dabei ist und sich nicht vollständig darauf einlässt. Jeder sollte sich während der Sitzungen Zeit für die eigenen Punkte nehmen.

Worauf sollte man beim Einrichten einer Gruppe und Ausführen des Mastermindings unbedingt achten?

Auf die Einhaltung von Regeln. Damit die Gruppen funktionieren, ist das sehr wichtig. Manchmal versorgen wir uns untereinander auch mit Kontakten oder Aufträgen. Wenn zwei aus der Gruppe sich noch mehr zu sagen haben oder einander helfen können, treffen sie sich separat. Die Mastermind-Sitzung sollte die Mastermind-Sitzung bleiben und nicht zum Kaffeekränzchen werden. Gerade am Anfang hilft es, wenn jemand die Verantwortung dafür übernimmt. Wenn die Regeln einmal nicht eingehalten werden, sollte man selbst Verantwortung übernehmen und sich darum kümmern, dass es beim nächsten Mal besser läuft.

Kapitel 8
Die letzten Vorbereitungen – wann ein Quereinstieg funktionieren kann und wann es sich lohnt, noch einmal die Schulbank zu drücken
(Emilio)

Allein auf Talente und Stärken, Netzwerke und Profiberater zu setzen reicht nicht aus, so schön es auch wäre, auf dem Ruhekissen der in die Wiege gelegten Fähigkeiten den kontinuierlichen Wandel der Arbeitswelt zu bewältigen. Manchmal lohnt es sich, sich weiterzubilden, ja, sogar die Schulbank noch mal zu drücken.

So kritisch man ein Personalwesen auch sehen kann, das nur auf (mehr oder weniger zuverlässige) Zeugnisse, (vor Jahren absolvierte) Studienabschlüsse, Noten und, im Idealfall, auf den Arbeitgeber maßgeschneiderte Assessment Center und Probetage setzt, so wenig lohnt es zu leugnen, dass eine stetige Aktualisierung des Fachwissens nützlich ist.

Wie der italienische Personalberater Osvaldo Danzi ketzerisch bezeugt: »Ich bekomme von zu vermittelnden Managern unzählige Broschüren von bekannten und weniger berühmten Business Schools gezeigt, die versprechen, dass ein sehr hoher Prozentsatz aller Absolventen von deren Executive Education einen besseren Job erhalten haben. Ich habe in meiner ganzen Karriere keinen einzigen Unternehmenskunden gehabt, der mich explizit und zielgenau nach einem MBA-Absolventen gefragt hätte.« Zum Glück sagt es einer mal recht deutlich.

Und das schreibt derjenige der Autoren, der an der Business School ESMT (European School of Management and Technology) in Berlin lehrt, die zu den besten Europas gehört?

Beides ist richtig: Executive Education kann Ihren Marktwert steigern. Aber ein MBA-Abschluss oder das Absolvieren eines zeitlich begrenzteren Kurses für Manager, die in einem anspruchsvollen Job stecken, ist nicht allein und an und für sich der Turbo für Ihre Karriere.

Das, was Sie an einer Business School lernen, ist eben nicht ein Allheilkurs für den Karriereboost, sondern muss sich in ein Gesamt(lern)programm einfügen, das vor allem aus praktischen Erfahrungen, Staff Exchanges und der zeitweisen Ausübung neuer Funktionen, also operativen Lernerfahrungen on the Job besteht (und zwar zu 70 Prozent). Dazu gehört eine strukturierte Begleitung durch Mentoring, Coaching sowie der Austausch mit anderen Experten und in Netzwerken. Das können Alumni Ihrer Universität, informelle berufliche Netzwerke, ob virtuell oder reell, ja manchmal sogar der Rotary oder Lions Club sein (20 Prozent). Und ja, zu guter Letzt sind auch Aus-, Weiter- und Fortbildung an Akademien, Universitäten, Business Schools und sonstigen Lerneinrichtungen Teil des Gesamtprogramms (10 Prozent).

Dabei gibt es eben auch ein paar Pflichtveranstaltungen, die man wohl oder übel absolvieren muss. Denn eine Karriere in der Gastronomie erfordert eben einen Gewerbeschein, ein Gesundheitszeugnis und möglicherweise eine Ausbildung zum Koch. So begabt Sie auch sein mögen, Berufe haben fachliche Mindeststandards, und über diese können Sie sich nicht hinwegsetzen.

Wenn dies auch nicht die Mehrzahl der Fälle ist, so gibt es zunehmend Umsteigewillige, die ganz die Branche wechseln wollen.

Auch hier gilt: Bevor Sie sich auf den – vielleicht steinigen – Weg einer neuen Qualifikation begeben, sollten Sie etwas mehr Einblick in diese neue Branche gewinnen. Praktika kann man auch machen, wenn man nicht mehr zwanzig ist. Jannike hat das in Kapitel 6 aufgezeigt.

Das Schöne ist: Wenn Sie sich überzeugt haben, dass Ihre Stärken und die ersten praktischen Erfahrungen den Enthusiasmus für den (Branchen-)Umstieg nicht gebremst, sondern noch weiter angefacht haben, wird das Hindernis der Zusatzqualifikation kein Hindernis mehr sein, sondern die Tür, durch die Sie nun gehen werden, um das neue Berufsleben zu erreichen. Es ist Ihr Zugang. Es ist Ihre Chance.

Dafür lohnt es sich, noch mal die Schulbank zu drücken.

Für manche ist die heute allenthalben propagierte Aussicht auf lebenslanges Lernen vielleicht eine Horrorvision. Da hat man sich in 13 oder mehr Jahren bemüht, durch das Schulsystem zu kommen, und schon muss man überall lesen, dass durch das längere Leben und die rasante technologische Veränderung eine kontinuierliche Fortbildung nötig ist.

Deshalb ist es ja so wichtig, Tuchfühlung zu den eigenen Wünschen und Stärken, ja sogar zu den Träumen und der Bestimmung aufzunehmen. Denn das sind alles Treiber für Neugier, für mehr Lernen, für den starken Wunsch, besser zu werden.

Wer gerne Fußball spielt, wird mit Freuden einen Übersteiger erlernen oder einen Volleyschuss mit dem Außenrist trainieren, auch wenn dies eintausend Übungen am Tag erfordert. Wenn Sie dadurch in den offiziellen 90 Minuten Ihrem Team zum Sieg verhelfen, werden Sie keine Sekunde der investierten Trainingszeit bereuen.

Doch welches der unzähligen Lernangebote ist das richtige für Sie? Auch hier lohnt es, sich an Ihr Beziehungsgeflecht zu wenden. In solchen Momenten zahlt es sich aus, einen Mentor zu haben, den man fragen kann, oder ein Alumni-Netzwerk, das man anzapfen kann.

Wir glauben so stark an die Kraft von zwei- bis fünftägigen Workshops mit maximal zwölf Teilnehmern, gehalten von Dozenten mit jahrzehntelanger, praktischer Berufserfahrung in genau den Feldern, zu denen die Seminare angeboten werden, dass Emilio eine Akademie für Führung und Kommunikation gegründet hat (www.orvieto-academy.com), die 2016 ihre Arbeit aufnahm und an der auch Jannike wirkt. Dabei entsteht das Lernen durch Elemente, auf die Sie bei jedem anderen Ausbildungsangebot auch achten sollten:

1. Sind die Workshops interaktiv und nach dem Tutorial-System organisiert, bei dem die Teilnehmer vor dem Seminar schon Material durchgearbeitet haben, das sie dann im Team mit anderen Teilnehmern selbst einbringen? Diese Unterrichtsbestandteile werden entweder von den Teilnehmern selbst moderiert – unter der Begleitung des Dozenten – oder vom Dozenten.

2. Stehen die Dozenten auch Monate nach dem Workshop als Ansprechpartner zur Verfügung, ohne dass man dafür extra bezahlen muss?

3. Kann ich meine Fallkonstellationen, Dilemmata, Problemstellungen mitbringen und mit den anderen Teilnehmern sowie dem Dozenten diskutieren, um Lösungsansätze zu erhalten?

4. Ist die Gruppe der anderen Teilnehmer so vielfältig, dass ich daraus lernen und inspiriert werden kann? Wehe, es sind alles mittelalte, weiße, männliche Juristen mit zwei Kindern …

5. Ist die Teilnehmerzahl (auf bis zu zwölf Teilnehmer) begrenzt?

6. Hat der Dozent eine berufliche Erfolgsbilanz vorzuweisen und verfügt er über praktische, fachliche und

führungsrelevante Erfahrungen im Thema des Lernstoffs?

7. Ist das Versprechen des Workshops realistisch (oder »garantiert man Ihnen einen Millionenverdienst im ersten Berufsjahr«)? Wird klar, was Sie aus dem Workshop an echtem Erlernten mitnehmen können?

8. Wird die Qualität der Workshops von den Teilnehmern bewertet und ist diese Bewertung transparent und öffentlich?

9. Erschließt sich mir durch die Teilnahme an einem Workshop ein professionelles Netzwerk der Ausbildungsinstitution und der sonstigen Teilnehmer? Kann ich Teil einer professionell stimulierenden Community werden?

10. Hat diese Lerninstitution eine Philosophie und eine Vision? Wie finden sich diese im konkreten Workshop-Angebot wieder? Und teile ich diese Philosophie?

Wenn Sie mindestens acht dieser zehn Fragen mit »Ja« beantworten können, weil Sie diese Antworten verifiziert haben, dann ist das ein Weiterbildungsangebot, das es sich anzuschauen lohnt.

Fragen Sie Menschen, die diese Bildungsangebote wahrgenommen haben, surfen Sie im Netz nach Kommentaren und Bewertungen, machen Sie sich selbst ein Bild durch den Besuch einer ersten, überschaubaren Veranstaltung. Eine gute Bildungsinstitution glänzt nicht in ihren Vorzeigeangeboten, sondern immer. Genauso wie man ein italienisches Spitzenrestaurant an der Qualität einfacher Gerichte wie Spaghetti alla Carbonara oder Pizza Margherita erkennt.

So hat Emilio zwei Ausbildungen gemacht, die ihn auf sein neues Leben nach dem Managerdasein vorbereitet haben: eine Ausbildung zum Executive Coach sowie eine zum Aufsichtsrat und Mentor. Bei beiden Ausbildungen konnten alle zehn Fragen mit »Ja« beantwortet werden, und Emilio zehrt heute noch von diesen Lernerfahrungen und dem Netzwerk an Dozenten und Teilnehmern. Freundschaften sind daraus entstanden, und diese Freunde konnten wertvolle Ratschläge geben, Literaturhinweise und Lesetipps (für Emilio wertvoller als jedes materielle Geschenk).

Bevor wir uns für den Absprung vorbereiten, sei noch ein, aber nicht das letzte Mal auf den Faktor Zeit hingewiesen. Wenn Sie nicht in den Genuss einer Abfindung (oder Erbschaft) gekommen sind, die Sie für die nächsten paar Jahre durchfüttert, werden Sie prüfen müssen, wie Sie die Zeit für die Zusatzausbildung finanzieren können. In der Regel werden Sie ohnehin private Zeit dafür aufopfern müssen, bis der Übergang von »alt« zu »neu« gestemmt ist. Die Möglichkeiten haben wir aufgezeigt: Wochenenden, Urlaub, vielleicht ein Sabbatical, unbezahlter Urlaub oder die freie Zeit, die Sie sich rausschneiden können, wenn Sie Ihren Vollzeit- auf einen Teilzeitjob reduzieren. Wenn Ihre Ausbildung von Ihrem Arbeitgeber unterstützt und/oder bezahlt wird, muss natürlich auch Rücksicht auf die Arbeitsprozesse genommen werden.

Es bietet sich also an, diese Ausbildung zu »strecken«. Auch weil Sie für die beiden gewichtigeren Lerndimensionen »Learning by Doing« und »Relationships« ebenso Zeit aufwenden müssen. Vergessen Sie dabei nicht, auch in diesem Kapitel sei es erwähnt, dass Sie Ihre Zeit für das Lernen, das für Ihr Umsteigen notwendig ist, in der Relation 70 (Ausprobieren), 20 (Beziehungen) und zehn (klassische Aus- und Weiterbildung) investieren sollten. Viele begehen den Fehler, ihre gesamte von der jetzigen Arbeit freigeschaufelte Zeit auf einen MBA zu fokussieren, stehen dann mit leerem Zeitkonto da und haben die beiden anderen wichtige(re)n Stationen ausgeklammert.

Die Aus- und Weiterbildung – wie übrigens auch das Ausprobieren und das Lernen über Peers, Mentoren und Coaches –

während Ihres regulären Arbeitsverhältnisses zu absolvieren ist auch vorteilhafter, als sich eine Ausbildungspause von ein paar Monaten oder Jahren zu nehmen (oder nehmen zu können). Parallel immer wieder das Erlernte mit einer konkreten, reellen Arbeitssituation abzugleichen ist mindestens genauso wichtig, wie den Lernstoff zu durchdringen oder gar auswendig zu lernen (soll es ja noch geben).

Der Lerneffekt wird gerade dadurch gesteigert, dass Sie einen anderen, zusätzlichen Zugang zu den beruflichen Themen, unterschiedliche Sichtweisen und neue Erkenntnisse bekommen, die Sie in Ihrer aktuellen Arbeitssituation verifizieren oder falsifizieren können. Sie können Ihre Arbeitsleistung verbessern und schaffen sich damit einfach eine bessere Ausgangslage für Ihre Zukunft.

Teil von Emilios Coaching-Ausbildung war beispielsweise das – zum Teil vom Ausbilder beobachtete – Coaching von sechs Klienten mit fast 50 Coaching-Stunden. Das »Doing« war also auch dabei. Aber was viel wichtiger war: Jedes Gespräch mit Mitarbeitern und Kollegen wurde während und dank seiner Coaching-Ausbildung besser. Emilios Führungsstil und seine Führungsfähigkeiten verbesserten sich. So sieht er das selbst, aber das spiegeln auch die alljährlichen Mitarbeiterumfragen in den letzten vier Jahren seiner Tätigkeit als operativer Manager wider.

Nicht immer ist eine formale Aus- oder Weiterbildung nötig oder möglich. So erging es auch Paul, der leidenschaftlicher Parkour-Läufer war und sich schließlich als Trainer selbstständig machen wollte. Eine Ausbildung zum Parkour-Trainer gab es leider nicht, daher ging er die Sache anders an. Er überlegte sich, was er wissen müsste, um ein erfolgreicher Trainer sein zu können, wer über dieses Wissen verfügte und es ihm vermitteln könnte. Seine Vorbilder sprach er an und machte einen Deal: Im Gegenzug für die Wissensvermittlung würde er assistieren und ohne Bezahlung eine Zeit lang für seine Lehrer arbeiten. Sie sagten zu, und er lernte, was er wissen wollte, sodass er heute als erfolgreicher Parkour-Trainer arbeiten kann. Auch Jannike erging es ähnlich: Sie machte zwar eine Coaching- und eine Design-Thinking-Ausbildung, aber lernte das Wichtigste während ihres Experiments. Will sie sich heute weiterbilden, wählt sie am liebsten den Weg über die Praxis und die Experten.

Das Kapitel über die Schulbank, die es oft zu drücken gilt, geht zu Ende. Wenn Sie sich fragen, warum es kürzer ist als die anderen Kapitel, so ist die Antwort einfach: Sie finden massenhaft Literatur über Aus- und Weiterbildungsangebote, denen wir kaum etwas hinzuzufügen hatten. Außerdem ist es wichtig, dass Sie für das Umsteigen auch das formale Lernen, akademische Aus- und professionelle Weiterbildung nutzen. Aber das ist ein Hygienefaktor. Wesentlicher ist es, auszuprobieren und sein Netzwerk anzuzapfen und auszuweiten, auf intelligente und nutzbringende Art und Weise für alle. Dies sollte ein Netzwerk des Lernens sein und nicht eines, das »Do ut des« – »Ich gebe, damit du gibst« zum Motto hat …

Deshalb fokussieren wir uns auf die beiden bisher eher vernachlässigten Aspekte beim Umsteigen: Die Beziehungen, das Netzwerk, die Peers einerseits (Kapitel 7) und das Ausprobieren (gleich geht's los!).

Wofür Sie sich auch entscheiden, Sie werden Ihrem Ziel eines erfüllenden Berufs einen Schritt näherkommen, wenn Sie sich auch mit Angeboten der Aus- und Weiterbildung auseinandersetzen, auch mit unorthodoxen Angeboten, wie Paul es getan hat. Gleiten Sie nicht zu schnell aus dem alten ins neue Leben. Ist es nicht schöner, sich eine Landschaftsveränderung von den Alpen zum Meer langsam zu erschließen und nicht mit einem einstündigen Flug, der Sie in eine Umgebung mit einer zehn Grad Celsius höheren Temperatur katapultiert?

Kapitel 9
Der Absprung – wie man sich traut und mit dem neuen Leben loslegt
(Jannike)

Alles schön und gut. Sie haben einen Plan, Sie haben ausprobiert, Sie haben sich kennengelernt und wissen nun, was Ihre Stärken sind und wo Sie diese einsetzen möchten. Sie haben den Realitätscheck gemacht, mit den unmittelbar Beteiligten gesprochen und schon einen Weg gefunden. Sollten Sie Ihren neuen Platz in Ihrem bisherigen Unternehmen gefunden haben, ändern sich Ihre Rahmenbedingungen nicht wesentlich. Dennoch müssen Sie Ihrem Chef Ihren internen Wechsel noch verkünden. Die folgenden Inhalte können also auch für Sie interessant sein. Sollten Sie Ihren beruflichen Karriereweg nicht bei Ihrem bisherigen Arbeitgeber fortsetzen, müssen Sie noch eine wesentliche Hürde nehmen: Sie müssen kündigen. Woher nehmen Sie die Kraft und den Mut? Sollten Sie die eigene Familie und die eigenen Freunde einfach vor vollendete Tatsachen stellen, um noch mehr Ängsten und Zweifeln zu entkommen, die besorgte Verwandte immer aufbringen werden, denn »Du kannst doch deinen sicheren Job nicht kündigen, einfach so …«? In gewisser Weise haben sie sogar recht. »Einfach so« nicht.

Aber an dieser Stelle Ihres Marathons ist es nicht mehr »einfach so«. Sie haben geplant, getestet, reflektiert, Rat gesucht. Jetzt muss der Schlussstrich gezogen werden!

Interview mit Sabine Kluge, ehemalige Siemens-Mitarbeiterin

Sabine Kluge hat den Absprung von Siemens geschafft und arbeitet heute als Möbelrestauratorin, Inhaberin von Hyggelig Berlin und New Workerin. Sie berichtet uns von ihren Erfahrungen.

Sabine, wie hast du dich getraut und den Absprung aus deinem alten Job geschafft?

Mein Absprung beziehungsweise die Beschäftigung mit dem Absprung kam bei mir lange vor meiner eigentlichen Kündigung. Ich habe mich bereits vorher mit dem Gefühl beschäftigt, wie es sein würde, wenn ich nicht mehr für meinen Arbeitgeber arbeite. Damals spürte ich eine gewisse Abhängigkeit von meinem Chef und meinen Kollegen. Die Methode Working Out Loud (siehe Kapitel 6) hat mir geholfen, mehr emotionale Unabhängigkeit zu erlangen. Durch das Aufbauen eines Netzwerks habe ich bemerkt, dass ich nach kurzer Zeit nicht mehr auf die Personen angewiesen war, von denen ich abhängig zu sein glaubte. Ich habe mir Fragen gestellt: Warum bin ich dort, wo ich bin? Wie bin ich eigentlich in diesen Job gekommen? Wollte ich diesen Job überhaupt machen? Ist er noch der richtige für mich? Bei mir stellten sich diese Fragen, als die Kinder aus dem Haus waren. Bei mir war der Ablöseprozess ein sehr aktiver und langer Prozess. Ich bin nicht einfach aufgewacht und konnte gehen. Das habe ich als schwierig empfunden, obwohl ich mich als mutigen Menschen bezeichnen würde. Es ist wie in einer Liebesbeziehung. Man liebt sich, dann ist es irgendwann nicht mehr so gut, und man fragt sich, ob es noch das Richtige ist. Der Gedanke allein, es könnte vorbei sein, zieht einem den Boden unter den Füßen weg. Obwohl man weiß, man möchte gar nicht mehr in dieser Beziehung sein. Warum bekommt man sofort ein flaues Gefühl im Bauch, wenn man über die Trennung vom Partner oder vom Arbeitgeber nachdenkt? In meiner Vorstellung gab es gar keine andere Option als Siemens. Als ich mich dann gedanklich mit dem Ausstieg beschäftigt habe, hatte ich Angst, dass ich nie wieder so einen guten Job bekommen würde, wenn es nicht klappt.

Gemessen an dem, wo ich eigentlich herkomme, habe ich ein bewegtes Leben hinter mir. Ich habe in einem Dorf eine Ausbildung zur Zahnarzthelferin gemacht, bin anschließend nach Israel als Au-pair gegangen, habe mein Abitur nachgeholt, um dann Modedesignerin zu werden. In einem Praktikum bei einem Designer habe ich festgestellt, dass mir der Job nicht taugt. Danach wollte ich Journalistin werden, nach mehreren Praktika habe ich mich aber doch dagegen entschieden. Dann wollte ich Architektin werden. Den Job habe ich auch ausgetestet und war begeistert. Als ich keinen Studienplatz bekommen habe, ist meine Welt zerbrochen. Mit der Zeit konnte ich die Niederlage überwinden und habe dann Wirtschaftswissenschaften studiert. Ich hatte viele Brüche in meinem Leben und hielt mich immer für beweglich. Und jetzt schaue ich zurück und muss feststellen, dass ich schon seit 25 Jahren bei Siemens bin. Im Ablöseprozess wurde mir klar, so wie ich mein Leben lebe, so bin ich gar nicht. Und so will ich auch nicht sein. Ich wollte die bewegliche Sabine sein, nicht die, die ihr Leben lang in einem Konzern gearbeitet hat. Das Bild, das ich von mir wieder geradegerückt habe, hat geholfen. Ebenfalls geholfen hat, dass unsere Söhne ihr Abitur bestanden haben. Die finanziellen Verpflichtungen wurden kleiner und haben den Umstieg erleichtert. Wobei ich auch zugebe, dass ich mir mein finanzielles Gefängnis selbst gebaut habe. Das langsame Herausgleiten war ebenfalls hilfreich für das Ablösen aus dem alten Job. Ich habe mir ein Netzwerk aufgebaut und mich über dieses Netzwerk Sachen getraut, die ich mich vorher niemals getraut hätte. Mein Netzwerk hat mir so viel Mut gemacht, Anerkennung und Unabhängigkeit gegeben. Ich bin auf Konferenzen gegangen, habe Vorträge gehalten und Blogs geschrieben. Ich habe mir, noch als ich bei Siemens war, einen Namen gemacht. Ich habe mir klargemacht, dass ich jetzt etwas ändern musste, um wieder zu werden, wie ich sein wollte. Irgendwann ist es sonst auch einfach zu spät für den Umstieg.

Sabine, du hast den Ablöseprozess gerade damit beschrieben, dass du dich unabhängig gemacht hast. Nicht nur finanziell, sondern auch vom Chef. Was meinst du mit dieser Unabhängigkeit?

Ich glaube, dass man in einem langen Arbeitsverhältnis sein jugendliches Selbstbewusstsein verliert. Als Jugendlicher denkst du, die Welt gehört dir, du kannst alles schaffen und machen. Wenn du lange in einem Job bist und immer wieder Feedback, Bestätigung oder auch Kritik bekommst für das, was du machst, dann identifizierst du dich irgendwann damit. Zu sehen, dass man auch noch mehr als das sein kann, das hilft beim Absprung. Wenn man sich ausprobiert und sich ein Netzwerk aufbaut, dann kann man Feedback zu anderen Seiten der eigenen Persönlichkeit bekommen. Wenn man dann feststellt, dass noch mehr in einem schlummert, wird man unabhängiger von seinem alten Leben und von der Anerkennung, die man im Job bekommen hat, sei es durch Feedback, Gehalt oder was auch immer. Die Gefahr, dass man sich nur noch über den Job identifiziert und als Person wahrnimmt, macht es viel schwieriger, diesen loszulassen. Ich frage mich hin und wieder, welches meiner Talente ich in meinem langjährigen Job überhaupt ausgelebt habe. Vielleicht gar keines. Ich habe meinen Job gut gemacht, aber nicht nach meinen Leidenschaften gelebt. Als ich die wieder entdeckt habe und zu den Tätigkeiten in diesen Leidenschaften Feedback bekommen habe, hat mich das befreit. Konkret war das bei mir mein erster Blogbeitrag von Hyggelig, meiner jetzigen Möbelfirma, den ich geschrieben habe. Ich erinnere mich genau daran. Einer meiner Chefs hat zu mir gesagt, dass ich zu spezialisiert bin, um jemals wieder so einen guten Job zu bekommen. Aber er lag falsch. Er kannte ja nur den Teil von mir, den ich in dem Arbeitsverhältnis ausgelebt habe. Und als ich angefangen habe, die anderen Teile in mir auszuleben, bin ich auch wieder selbstbewusster geworden und konnte gehen.

Die Kündigung

Der Ablöseprozess kostet Zeit und erfordert Mut. Ist der Mut erst einmal gefasst, fühlen Sie sich bereit, Ihren Job einfach hinzuschmeißen. Aber Achtung! Erstens hat das kein Arbeitgeber verdient, dass man einfach so kündigt. Zweitens ist leise kündigen und verschwinden nicht besonders smart. Denn auch eine Trennung vom bisherigen Arbeitsumfeld beinhaltet Chancen. Kann mein alter Arbeitgeber in meinem neuen Leben eine Rolle spielen? Als Kunde, als Lieferant, für eine Weiterempfehlung? In der Kündigung stecken viele Potenziale, um diese zu nutzen, ist es notwendig, zu erklären, dass man sich verändert, warum und wie das über die Bühne gehen wird. Nehmen Sie Ihren Chef und Ihre Kollegen zumindest in Ihren Erzählungen auf Ihre neue Reise mit. Denken Sie möglicherweise über einen Nachfolger nach, berücksichtigen Sie, wo es geht, die Nöte des Teams, das Sie verlieren wird. Es gibt viele Gründe, warum Sie sich von Ihrem Arbeitgeber im Guten trennen sollten. Außerdem darben wir nicht im vom Krieg verwüsteten Mittelalter, als feindliche Truppen die heimischen Getreidefelder anzündeten. Daher stammt nämlich der Ausdruck »verbrannte Erde hinterlassen«. Also, keine Türen zuschlagen, keine Lästereien. Behandeln Sie Ihren Arbeitgeber mit Respekt. Das geht sogar in einer juristischen Auseinandersetzung, bei der Sie auf Ihre (auch finanziellen) Rechte pochen. Bringen Sie die Trennung mit Anstand über die Bühne. Das zahlt sich immer aus. Auch wenn es Sie in den Fingern juckt.

Man sieht sich bekanntlich immer zweimal im Leben. So erging es beispielsweise Personalberaterin Angela, die sich im Laufe ihrer Karriere mehrfach von ihren Arbeitgebern getrennt hat, um beruflich den nächsten Schritt zu gehen. Ein einziges Mal konnten sie sich nicht im Guten trennen, was sie zwanzig Jahre später noch bereut und was sich immer noch in ihrem

Berufsleben bemerkbar macht. Schnittstellen und Kollegen vermeidet Angela bis heute. Bei den anderen Trennungen war sie weiser, auch wenn das zum Teil hieß, über Verletzungen hinwegzusehen und die Beziehung bewusst wieder auf die Sachebene zurückzuholen. Wer sich selbst in der Kinderrolle und den Arbeitgeber in der Erwachsenenrolle sieht, wird mit einer Kündigung im Guten nicht viel Erfolg haben. Heute arbeitet Angela mit einigen ihrer ehemaligen Arbeitgeber auf freiberuflicher Ebene zusammen. Sie kann ihre ehemaligen Chefs als Referenzen bei der Auftragsgewinnung und bei Bewerbungen angeben. Umgekehrt weiß auch Angela, was sie an ihren Arbeitgebern hatte, und gibt positive Weiterempfehlungen oder vermittelt passende Bewerber.

Natürlich sollten Sie im Falle einer Trennung von Ihrem Arbeitgeber zuerst an Ihr eigenes Leben und Ihre eigenen Pläne denken. Vielleicht lassen sich Ihre Interessen und die des Arbeitgebers aber verbinden. Sollten Sie zum Beispiel Projekte und Aufgaben in Ihrem Arbeitsverhältnis auf dem Tisch haben, deren Erledigung durch Sie von Vorteil wäre, sollten Sie darüber nachdenken, ob Sie Ihren Kündigungstermin darauf abstimmen können. Das werden Ihr Chef und Ihre Kollegen Ihnen anrechnen.

Das Kündigungsgespräch

Wenn Sie entschieden haben, dass die Zeit reif für eine Kündigung ist, dann sollten Sie zuallererst mit Ihrem direkten Vorgesetzten darüber sprechen. Er hat schließlich die Verantwortung für Sie und wahrscheinlich am engsten mit Ihnen zusammengearbeitet. Vielleicht hat er Sie sogar eingestellt und Sie bei Ihrer Entwicklung unterstützt. Zollen Sie ihm den Respekt, und arrangieren Sie ein persönliches Gespräch. Zwischen Tür und Angel führen Sie das Kündigungsgespräch besser nicht. Wenn möglich sollten Sie einen geschützten Raum dafür suchen. Auch wenn Ihre Kündigung das ganze Team betrifft, sollten Ihre Kollegen vor dem Gespräch mit Ihrem Chef besser noch nichts von Ihren Plänen wissen. Somit stellen Sie sicher, dass Ihr Chef von Ihnen und nicht vom Flurfunk über Ihren Weggang informiert wird. Außerdem geben Sie Ihrem Vorgesetzten so die Möglichkeit, sich vor der Verkündung Ihres Weggangs um Ersatz für Sie zu bemühen und einen Plan für die Umverteilung von Aufgaben zu erstellen.

Wenn Sie jemanden im Bekanntenkreis haben oder wissen, dass sich ein Kollege aus einer anderen Abteilung innerhalb der Firma verändern möchte und Sie denjenigen für einen passenden Kandidaten halten, schlagen Sie ihn Ihrem Chef vor. Er wird es Ihnen danken und feststellen, dass Sie mitdenken und nur das Beste für ihn und die Firma wollen.

Denken Sie im Vorfeld darüber nach, wie viel von Ihrem Vorhaben Sie dem Arbeitgeber verraten wollen und können. Er wird Sie sicher nach Ihren Plänen für die Zukunft fragen und danach, warum Sie gehen wollen. Offen und ehrlich zu sein ist zwar prinzipiell gut, im Trennungsgespräch dürfen Sie Ihre Gründe aber gern etwas positiver verpacken, als sie vielleicht sind. Denken Sie daher vorher darüber nach, welche positiven Aspekte Ihr Arbeitsverhältnis hatte. Bedanken Sie sich für die Möglichkeiten, die Ihnen geboten wurden, und die persönliche Entwicklung, die Sie während Ihrer Beschäftigung gemacht haben. Wenn Sie Ihrem Arbeitsverhältnis nichts Positives abgewinnen können, konnten Sie vermutlich zumindest lernen, neue Herausforderungen zu meistern.

Sowohl Emilio als auch Jannike wurden bei ihrem Gespräch mit dem Chef gefragt, ob sie nicht vielleicht doch bleiben wollen. Diese Art von Angeboten wird häufig unterbreitet. Während Emilio gute Gründe hatte, seinen Ausstieg zu verschieben, blieb Jannike bei ihrem Plan und ging ein halbes Jahr später – mit Rückkehroption. Größere Unternehmen bieten solche sogenannten Freistellungen häufig an, bei kleineren ist das schwierig. Vor der Kündigung sollten Sie sich bei Ihrem Arbeitgeber daher informieren, ob eine Freistellung eine Option sein könnte. Das kann Ihnen den Druck beim Umsteigen nehmen. Wer nach einer bestimmten Zeit Aussicht auf einen gleichwertigen Job beim alten Arbeitgeber hat, kann leichter abspringen – dank des Sicherheitsnetzes.

Generell sollten Sie vorsichtig mit Angeboten zum Bleiben sein. Wer schon einmal von einem Ehepartner verlassen wurde und ihn zum Bleiben überredet hat, der weiß, dass das Vertrauen angeknackst und die Beziehung nicht mehr die gleiche ist. Sie haben sich vorher reiflich Gedanken gemacht, hin und her überlegt und Optionen abgewogen. Bringt Ihnen das Angebot zu bleiben keine eindeutigen Vorteile auf Ihrem Weg der Umorientierung, sollten Sie lieber die Finger davon lassen. Ihr Leiden verlängert sich nur, und das Kündigungsgespräch wird beim zweiten Mal nicht unbedingt angenehmer.

Die formale Kündigung

Nachdem Sie Ihre Kündigung auf der persönlichen Ebene übermittelt haben, fehlt noch das schriftliche Kündigungsschreiben. Mündliche Kündigungen sind nur in Ausnahmefällen zulässig. Informieren Sie sich vorab über die Kündigungsfrist Ihres Arbeitsverhältnisses. Der Gesetzgeber schreibt in Deutschland in der Regel eine Kündigungsfrist von vier Wochen zum 15. oder zum Ende eines Monats vor. Kündigen Sie pünktlich. Ihr Kündigungsschreiben bedarf der Schriftform, eine elektronische Übermittlung ist ebenfalls nicht zulässig. Im Internet finden Sie viele Vorlagen für Kündigungsschreiben. Da Sie Ihre persönlichen Beweggründe bereits im Gespräch geschildert haben, sollten Sie Ihre Kündigung so klar und deutlich wie möglich formulieren. Schreiben Sie nichts in die Kündigung, das falsch ausgelegt oder interpretiert werden könnte. Informieren Sie sich, und seien Sie sorgsam, damit Ihr Schreiben die gesetzlich erforderliche Form wahrt. Händigen Sie Ihr Schreiben persönlich aus oder schicken Sie es per Einschreiben mit Empfangsbestätigung.

Manuela, eine Texterin in einer Werbeagentur, die ihren Chef in einem Wutanfall anschrie, sie würde kündigen, konnte noch etwas Gutes aus ihrer Kündigung machen. Sie suchte ein paar Tage später, als die Gemüter wieder abgekühlt waren, ein persönliches Gespräch mit ihrem Vorgesetzten und schilderte, wie es zu der Kündigung gekommen war. Über Monate und Jahre hatten sich Frust und Ärger in ihr aufgestaut, über Prozesse, die nicht liefen, Versprechungen, die nicht eingehalten wurden, ein überbordendes Arbeitspensum, das kaum erfüllbar war. Sie berichtete offen von ihren Enttäuschungen, ohne ihrem Chef jedoch Vorwürfe zu machen. Ihr Chef schien sie zu verstehen und wollte sie davon überzeugen zu bleiben. Auch wenn sie die Kündigung im Affekt ausgesprochen hatte, merkte Manuela bereits während des Gesprächs, dass sich nichts ändern und sie weitere Jahre mit Frust und Wut zur Arbeit gehen würde, während sie gleichzeitig nur wenig Zeit für ihre Familie hätte. In einem Wechselbad der Gefühle blieb sie bei ihrer Kündigung. Auf der einen Seite war sie erleichtert, dass sie endlich Mut gefasst und einen Schlussstrich gezogen hatte, auf der anderen Seite hatte sie noch keinen neuen Job. Außerdem zweifelte sie daran, wieder eine Arbeit zu finden, die so gut bezahlt wurde wie ihre bisherige. Mit diesem Job hatte sie immerhin fast ein Jahrzehnt als Alleinverdienerin ihre dreiköpfige Familie versorgt. Wie sollte es nun weitergehen? Ihr Chef machte ihr ein Angebot, das sie annahm. Die Firma würde ihr mit einer dreimonatigen Frist kündigen. So hatte sie noch drei Monate Zeit, um sich einen neuen Job zu suchen sowie Anspruch auf Sozial-leistungen im Fall der Fälle. Heute hat Manuela endlich den Sprung in die Selbstständigkeit gewagt, die sie so lange gereizt hatte. Zwischenzeitlich wäre sie fast schwach geworden und hätte einen x-beliebigen Bürojob angenommen, aber sie blieb am Ball und erarbeitete sich Mittel und Wege, um die eigene Existenz aufzubauen.

Die letzten Wochen vor dem Abschied

Sie sind es sich selbst schuldig, die letzten vier Wochen, drei oder sechs Monate oder sogar viereinhalb Jahre gut über die Bühne zu bringen. Informieren Sie Ihre Kollegen im Einverneh-men und in Absprache mit Ihrem Vorgesetzten über Ihren Weggang. Auf nachlassende Arbeitsleistungen, überhandneh-mende Krankmeldungen oder sonstiges Verhalten, das man während seines Arbeitsverhältnisses nicht an den Tag gelegt hätte, sollte man verzichten. Bringen Sie Ihre Arbeit in einer guten Qualität zu Ende. Ordnen Sie Ihren Arbeitsplatz und Ihre Materialien, sodass nicht nur Sie sich, sondern auch ein poten-zieller Nachfolger darin zurechtfindet. Ist Ihr Nachfolger bereits bekannt oder tritt Ihre Stelle schon an, bevor Sie das Unterneh-men verlassen haben, arbeiten Sie ihn vernünftig ein. Wissen zu horten bringt weder Ihnen noch Ihrem Ruf etwas. Bieten Sie Ihrem Nachfolger an, Sie bei Fragen kontaktieren zu können. Jannike hat das bei jedem Jobwechsel getan und weiß, dass der Arbeitsaufwand überschaubar ist. Sie werden sehen, in der Re-gel gibt es nur sehr wenige Fragen, die sich nicht auch ohne Sie beantworten lassen. Aber die Geste zählt.

Der Abschied von den Kollegen ist in der Regel der schwie-rigste. Je nachdem, wie lange Sie bei Ihrer Firma waren und wie eng Sie mit Ihren Kollegen zusammengearbeitet haben, wird er

Ihnen mehr oder weniger schwerfallen. Schauen Sie, wie Sie Ihren Abschied gestalten wollen. Schmeißen Sie eine große Abschiedsfeier, laden Sie zu Kuchen in Ihr Büro ein, halten Sie eine Abschiedsrede oder verabschieden Sie sich im Stillen. Sie selbst wissen, was ein angemessener Abgang ist. Nachdem alle ermunternden Worte, letzten Wünsche, private E-Mail-Adressen ausgetauscht wurden, wird es dann ernst, und es heißt Abschied nehmen. Dieser Moment kann sehr emotional sein. Schließlich lassen wir einen Lebensabschnitt hinter uns, an den Wünsche und Hoffnungen gekoppelt waren, lassen Menschen zurück, mit denen wir viel Zeit verbracht haben. Lassen ein Stück Sicherheit zurück, das uns Halt gegeben hat. Lassen los, worüber wir uns lange definiert haben. Dieses Gefühl kennen wir. Aber es verändert sich. Und zwar sobald Sie den Fuß vor die Tür setzen und Ihnen der Wind der Freiheit durch die Haare weht. Dann kippt das Gefühl, die Last fällt Ihnen von den Schultern, und Sie fühlen sich frei und erleichtert.

In Kontakt bleiben

Damit Sie die Vorteile einer Kündigung im Guten für sich nutzen können, empfiehlt es sich, in Kontakt mit dem ehemaligen Arbeitgeber zu bleiben. Dafür gibt es verschiedene Möglichkeiten. Die einfachste: Verbinden Sie sich mit Ihrem Ex-Chef und den Ex-Kollegen auf Xing oder LinkedIn. Über Neuigkeiten werden Sie so automatisch auf dem Laufenden gehalten und umgekehrt. Sich hin und wieder per Mail zu melden ist ebenfalls ein einfacher Weg. Wenn Sie sich bei anderen Unternehmen bewerben oder ein Headhunter auf Sie zukommt, werden Sie bisweilen nach einer Referenz Ihrer letzten Arbeitgeber gefragt. Sind Sie im Guten gegangen, können Sie Ihren letzten Vorgesetzten als Kontakt angeben – in Absprache versteht sich.

Außerdem sollten Sie eine Alumna bzw. ein Alumnus Ihres ehemaligen Arbeitgebers werden, so wie man sein ganzes Leben lang eine Verbindung zur Alma Mater, der besuchten Universität, unterhält. Je besser organisiert diese Uni ist, desto besser pflegt sie das Netzwerk ihrer ehemaligen Studenten, und auch dieses Netzwerk kann Ihnen bei Ihrem Umstieg helfen. Einige Unternehmen pflegen extrem bewusst das Netzwerk der Ehemaligen: Zählen Sie einmal durch, wie viele Topmanager der Fortune-1000-Unternehmen von Goldman Sachs oder McKinsey kommen. Warum sollten Sie nicht auch auf diese Weise profitieren? Denn ein gutes Netzwerk von Ehemaligen kann auch aus kleinen Firmen entstehen. Nunatak, ein stetig wachsendes Beratungsunternehmen im Bereich der Digitalisierung, hält zu allen ehemaligen Mitarbeitern Kontakt. Mit den Alumni kann man Geschäfte machen, sie wieder einstellen, über gemeinsame Projekte nachdenken. Denken Sie daran, »It takes two to tango«, sowohl Sie als auch das Unternehmen müssen aufeinander zugehen, damit das gelingt.

Interview mit Susanne Ransweiler, Expertin für Alumni-Netzwerke

Susanne, was sind Alumni-Netzwerke genau und warum sind sie so wichtig?

Klassischerweise sind Alumni-Netzwerke im Unternehmenskontext Netzwerke für ehemalige Mitarbeiter, die jetzt in anderen Unternehmen arbeiten. Vier Aspekte sprechen besonders für das Betreiben eines unternehmenseigenen Alumni-Netzwerkes:

1. Die ehemaligen Mitarbeiter sind mit dem Unternehmen vertraut und haben eine persönliche Bindung. Ein Alumni-Netzwerk kann damit gewissermaßen als Vertriebsnetzwerk fungieren.

2. Des Weiteren sind ehemalige Mitarbeiter wichtige Ideenge-ber und für die Bereiche Forschung und Entwicklung sowie Innovation sehr wichtig. Der Schwarm ist eben intelligenter als der Einzelne.
3. Der dritte Aspekt betrifft die Marke des Unternehmens. Mit-arbeiter, aktuelle, aber auch ehemalige, sind Markenbot-schafter eines Unternehmens und verbreiten die Botschaft des Unternehmens weiter, sofern sie hinter ihr stehen.
4. Für die meisten meiner Kunden sind Alumni-Netzwerke aber als Teil des Recruitings und des Personalmanagements inte-ressant. Der Rekrutierungsprozess für eine einzige Position kann drei bis sechs Monate (und länger) dauern. Durch Wiedereinstellung von ehemaligen Mitarbeitern (Re-Hiring oder Boomerang-Hiring[40]) oder Rekrutierung über Mitarbei-terempfehlungen (Referral-Hiring[41]) erhöht sich die Zahl der Bewerbungen, beschleunigt sich der Rekrutierungsprozess, sinken die Rekrutierungskosten. Außerdem passen Anforde-rungs- und Mitarbeiterprofil in der Regel besser zusammen.

Aus meiner Sicht leisten sich in Deutschland noch viel zu wenig Unternehmen ein Alumni-Netzwerk. Dabei ist das eine ganz wich-tige Arbeit, die sowohl für das Unternehmen als auch für die ehe-maligen Mitarbeiter echten Mehrwert bietet. Roland Berger und SAP sind in Deutschland Vorreiter auf diesem Gebiet. Rentnernetz-werke gibt es hingegen bereits einige, zum Beispiel bei Bosch, OTTO, Siemens oder die Space Cowboys bei Daimler.

Was genau hat der/die Alumnus/Alumna von einer Aufnahme in das Netzwerk?

Grundsätzlich bietet ein Alumni-Netzwerk Zugang zu teils hoch-karätigen Multiplikatoren und deren Netzwerken. Dadurch ergibt sich Geschäftspotenzial. Darüber hinaus gibt es die Möglichkeit zum Austausch, zu gegenseitigen Empfehlungen und zum Wis-senstransfer. Auch Jobangebote und gegebenenfalls Rückkehr zum ehemaligen Arbeitgeber können durch Aktivitäten im Alumni-Netzwerken entstehen. Aus meiner Erfahrung sind die wesentlichen Punkte Emotionalität und Zugehörigkeit sowie Wissen und Netzwerk. Bei der Emotionalität geht es um den Wunsch, in einer Gemeinschaft zu bleiben, die man kennt. Sich zu Hause zu fühlen, gemeinsame Erlebnisse teilen zu können und die Kultur wieder zu spüren. Es geht also darum, ein altes, vertrautes Gefühl trotz verändertem Kontext aufrechtzuerhalten. Darüber hinaus tauscht man Wissen unter den Alumni aus und lernt voneinander. Man hilft sich gegenseitig und stellt sich Kontakte zur Verfügung. Auch der Arbeitgeber leistet in guten Alumni-Netzwerken dazu seinen Beitrag. Es ist essenziell, einen Fundus zu haben an Leuten, auf deren Wissen und Kontakte man zugreifen kann. Insgesamt stärkt ein Alumni-Netzwerk die Resilienz seiner Mitglieder.

Alumni-Netzwerke sind also für Menschen, die ein Unternehmen verlassen haben. Dafür sollte man sich im Guten trennen, richtig? Wie macht man das?

Wenn man den ganz großen Bogen spannt, dann fängt das schon bei der Rekrutierung an, wie Arbeitgeber und Arbeitnehmern miteinander umgehen. Später setzt sich das im Arbeitsverhältnis fort und findet im Kündigungsgespräch seinen (vorläufigen) Abschluss: klare (Trennungs-)Botschaft mit Ernsthaftigkeit, Empathie, Wertschätzung und sachlicher Begründung. Die Existenz eines Alumni-Netzwerks sowie das Angebot an ausscheidende Mitarbeiter und Führungskräfte, darin Mitglied zu werden, unterstreicht die Ehrlichkeit der Wertschätzung gegenüber dem Menschen, der das Unternehmen verlässt, und unterstützt eine Trennung im Guten. Und dann: Man trifft sich immer zweimal, oder?

Kann man nachträglich noch in die Alumni-Netzwerke alter Arbeitgeber aufgenommen werden?

Klar, dazu sollte man einfach den Alumni-Manager kontaktieren. Unternehmen sortieren niemanden aus, nur weil er nicht sofort nach Ausscheiden Mitglied in ihrem Netzwerk wurde. Außerdem: Was passiert sonst mit den Ehemaligen, die vor der Gründung des Alumni-Netzwerkes ausgeschieden sind? Manchmal entscheidet über eine Aufnahme in das Netzwerk allerdings die Dauer der Betriebszugehörigkeit oder die Funktion im Unternehmen.

Was ist, wenn das Unternehmen, das man verlässt, kein Alumni-Netzwerk hat? Gibt es andere Wege, um Kontakt zu halten?

Man kann auch als ehemaliger Mitarbeiter einfach selbst ein Alumni-Netzwerk ins Leben rufen. Bei der Deutschen Bank ist das Alumni-Netzwerk so übrigens entstanden und ist mittlerweile unternehmensseitig integriert worden. Aber ganz klar kann man natürlich auch einfach nur so individuellen Kontakt zum Chef oder der Personalabteilung halten.

Die unfreiwillige Kündigung

Wenn Sie zu den Unglücklichen zählen, die den Arbeitgeber unfreiwillig verlassen müssen, dann geht der Umsteigeprozess bei Ihnen mit dem los, womit es bei anderen aufhört: mit der Kündigung. Ihr Arbeitgeber setzt Sie vor vollendete Tatsachen. Gekündigt zu werden, zählt neben Scheidung, Krankheit und Tod einer geliebten Person zu einer der großen Krisen im Leben. Es geht um Verlust und darum, keine Kontrolle über das eigene Leben zu haben. Eine Kündigung kann also durchaus traumatisch sein. Ein Mensch, dem sein Arbeitsverhältnis gekündigt wird, verleugnet die Nachricht üblicherweise zu Beginn. Nach der Verleugnung folgen die Phasen der Wut und schließlich der Depression. Fragen und Selbstzweifel tauchen auf. Warum hat mein Chef nicht früher etwas gesagt? Warum hat es ausgerechnet mich getroffen? War meine Leistung zu schlecht? Bin ich überhaupt noch gut für irgendetwas? Wie soll es jetzt weitergehen? Menschen, die von einer Kündigung seitens des Arbeitgebers betroffen sind, sind großem Schmerz und großer Kränkung ausgesetzt, die stark auf ihr Selbstbild und das persönliche Umfeld zurückwirken können. Gerade dann, wenn man im Job zufrieden war, tut es besonders weh.

Auch wenn die Kündigung wehtut, sie kann bei genauerer Betrachtung zu einer guten Nachricht für Sie werden. Wenn Sie darauf vorbereitet sind, können Sie von fairen Sozialplänen profitieren und sich vielleicht gar den Gang in die Selbstständigkeit oder ein anderes Umsteigen finanzieren. So ist nicht jede Umstrukturierung Anlass zur Sorge, sie kann Ihr persönlicher Lottoschein sein, mit sechs Richtigen.

Eine Möglichkeit des Ausgleichs ist beispielsweise eine Abfindung, bei der der ehemalige Arbeitnehmer eine einmalige hohe Summe für die Auflösung des Arbeitsverhältnisses bekommt. Eine andere Möglichkeit ist die Weiterzahlung des Gehalts für einen befristeten Zeitraum bei gleichzeitiger Freistellung. Viele Unternehmen bieten ihren Mitarbeitern auch eine sogenannte Outplacement-Beratung an. Beim Outplacement werden Einzelne oder Teams bei der beruflichen Neuorientierung beraten. Während manche im gleichen Beruf einen neuen Job finden möchten, nutzen andere die Kündigung, um noch einmal neu anzufangen. Eine Outplacement-Beratung kann Ihnen helfen, eine Standortanalyse zu machen, Ihre Chancen auf dem Markt auszuloten sowie einen neuen Job zu finden. Ziel der Outplacement-Beratung ist es üblicherweise, eine neue Tätigkeit für den Entlassenen zu finden, die seinen Fähigkeiten und Interessen entspricht, damit ihm keine Nachteile aus der Entlassung entstehen. Auch Transfermaßnahmen zählen zur Outplacement-Beratung, bei der größere Gruppen von Mitarbeitern bei der Arbeitssuche unterstützt werden. Während der Orientierungsphase sind sie offiziell bei einer Transfergesellschaft angestellt und erhalten ein Gehalt, während sie Zeit haben, einen neuen Platz auf dem Arbeitsmarkt zu finden. Solche

Transfermaßnahmen werden vom ehemaligen Arbeitgeber finanziert und von der Agentur für Arbeit gefördert.

Sollten Sie Ihren Arbeitsplatz betriebsbedingt verloren haben, sollten Sie sich rechtliche Unterstützung suchen und sich über Ansprüche und Möglichkeiten informieren lassen. Wenn Sie ein Abfindungsangebot von Ihrem Arbeitgeber bekommen, sollten Sie dieses prüfen lassen. Viele Arbeitgeber erwarten beispielsweise, dass die Kosten für eine Outplacement-Beratung von der Abfindungssumme abgezogen werden, sofern sich ihr Mitarbeiter für die Inanspruchnahme entscheidet. Hier gibt es gute Argumente, um nachzuverhandeln, denn eine Outplacement-Beratung bietet nicht nur dem Arbeitnehmer Vorteile, sondern auch dem Unternehmen. Denn je schneller ein Mitarbeiter, der entlassen wird, einen passenden neuen Job findet, desto schneller ist der Trennungsprozess beendet. Langwierige Prozesse können so vermieden und laufende Arbeitsverträge womöglich frühzeitiger beendet werden. Das gleiche Argument gilt im Übrigen für die Freistellung bei gleichzeitiger Gehaltsfortzahlung. Je mehr Zeit Sie in die Jobsuche investieren können, desto schneller können Sie sich vom Unternehmen trennen. Auch hier bedeutet Zeit Geld.

Neben den rechtlichen und finanziellen Aspekten einer Kündigung gibt es aber auch noch die emotionalen. Es kann einige Zeit dauern, bis man sich von einer Kündigung erholt hat. Und das kostet Kraft. Aber wie soll man sich neu orientieren, wenn man an seiner ganzen Person zweifelt und sich am liebsten zu Hause einschließen würde?

Je früher Sie die neue Situation akzeptieren können, desto schneller werden Sie in der Lage sein, Ihre Situation aktiv zu gestalten. Leugnet man seine Kündigung oder lehnt sie ab und suhlt sich im Selbstmitleid, fließt die eigene kostbare Energie auf das Negative, das Alte, das ohnehin schon längst entschieden ist. Je schneller Sie akzeptieren können, dass die Dinge jetzt sind, wie sie nun einmal sind, desto eher können Sie sich dem Neuen zuwenden und Ihre Kräfte in eine andere Richtung lenken. Das ist leichter gesagt als getan. Geben Sie sich ein wenig Zeit, in der Sie sich grämen dürfen, aber eben nicht zu lange. Das führt zu nichts als schlechter Laune für Sie und Ihr Umfeld.

Konzentrieren Sie sich auf das Positive. Sie sind gesund? Sie haben ein schönes Zuhause? Eine Familie, die zu Ihnen hält? Sie haben sich ohnehin schon lange eine Auszeit gewünscht? Jetzt haben Sie eine. Halten Sie sich zudem vor Augen, was Sie bisher alles geschafft haben. Das können Sie sich zum Beispiel besonders bewusst machen, indem Sie Ihre Lebenslinie auf ein Blatt zeichnen. Zeichnen Sie alle Höhe- und Tiefpunkte Ihres bisherigen Lebens ein, und überlegen Sie, wie Sie die Wendepunkte meistern konnten, was Sie dabei gelernt haben und wie Sie sich durch sie weiterentwickelt haben. Ebenfalls helfen kann es, sich mit Freunden über die eigene Situation auszutauschen. Haben Sie das Gefühl, dass Sie selbst nicht allein aus Ihrem Stimmungstief herauskommen, denken Sie über psychologische Unterstützung nach. Für viele kann es hier wertvolle Impulse geben, die es früher oder später erlauben, sich wieder dem Positiven zuzuwenden.

Setzen Sie sich machbare Ziele. Kleine Schritte zu gehen ist besser, als sich gar nicht vorwärts zu bewegen. Außerdem hellen Erfolgserlebnisse die Stimmung auf. Orientieren Sie sich an Vorbildern. Viele beeindruckende Menschen haben Hindernisse und Krisen gemeistert. Wie sie es gemacht haben, davon kann man oftmals etwas für sich lernen. Wenn Sie vor einer Entscheidung stehen, fragen Sie sich immer, was im schlimmsten Fall passieren kann, wenn Sie sich für etwas entscheiden, und was im besten Fall. Ist das Schlimmste wirklich schlimm? Wollen Sie auf das Beste verzichten, nur weil Sie gerade ein wenig an sich zweifeln? Wenn Sie den ersten Schock überwunden haben und wieder bereit sind, nach vorne zu schauen, fangen Sie bei der Bestandsaufnahme Ihrer Stärken in Kapitel 3 dieses

Buches an. Wir würden uns freuen, wenn Sie den Verlust Ihres Jobs weniger als Scheitern betrachten, sondern vielmehr als Chance sehen können. Wie Sie diese Chance sinnvoll nutzen, haben Sie im Laufe des Buches erfahren.

Wie man sich trotz Rechtsstreitigkeiten im Guten trennt, verrät Ihnen einer der erfolgreichsten Arbeitsrechtler Deutschlands. Dr. Peter Rölz, Schreck vieler DAX-Konzerne, redet zum ersten Mal über die Tricks der Branche.

Interview mit Dr. Peter Rölz, Arbeitsrechtler, zur besten juristischen Vorbereitung auf das Umsteigen

Herr Rölz, wie trennt man sich von seinem Arbeitgeber, wenn man nicht mehr mag?

Eine Möglichkeit ist natürlich, selbst zu gehen. Anders als der Arbeitgeber braucht man hierfür keine Kündigungsgründe. Dann sollte man darauf achten, dass man die Kündigungsfrist einhält. Ein Blick in den eigenen Arbeitsvertrag klärt diese Frage.

Welche Optionen gibt es noch?

Zunächst sollte man sich fragen, ob man die Trennung vom bisherigen Arbeitgeber wirtschaftlich optimieren will oder eher eine diskrete und lautlose Trennung bevorzugt. Diese kann man aus Reputationsgründen anstreben wollen. Aus Angst, dass sich herumspricht, man sei gekündigt worden. Maximale finanzielle Ergebnisse kosten in der Regel mehr Zeit. Man muss die Nerven dazu haben.

Auf was sollte man schon bei Einstellung achtgeben?

Manchmal kann es auf Kleinigkeiten ankommen. Das wird wiederum von der Stärke der Verhandlungsposition determiniert. Ein Evergreen ist die »Probezeit-Illusion«, da denkt man, man habe ein besonders wichtiges Ergebnis bei der Einstellung erreicht, wenn man die Probezeit »wegverhandelt« hat. Dabei greift ein etwaiger Kündigungsschutz immer erst nach sechs Monaten, auch wenn im Vertrag keine Probezeit steht. Weil er die Probezeit wegverhandelt hatte und sich deshalb sicher fühlte, hat der Marketingchef sein Haus in Hamburg verkauft, ist mit Sack und Pack, Frau und Kindern ins Rhein-Main-Gebiet gezogen und hat dort ein Haus gekauft. Nach drei Monaten trennte sich sein Arbeitgeber von ihm. Er hatte keine Chance, sich erfolgreich dagegen zu wehren. Das nennt man »enttäuschte Erwartungen«, die die Trennung in den ersten sechs Monaten immer erlauben. Blöd gelaufen ...

Gibt es eine Faustregel für eine Abfindung?

Die Höhe der Abfindung ist bei Arbeitnehmern mit Kündigungsschutz nicht festgelegt. Unabhängig von der Betriebszugehörigkeit sind drei Jahresgehälter inklusive der variablen Vergütung drin. Davon muss man Abstriche machen, wenn man beispielsweise nicht vor Gericht gehen will. 85 Prozent der Fälle klären sich einvernehmlich.

Wie lange dauert ein Trennungs- bzw. Arbeitsgerichtsprozess?

Normalerweise zwischen zwei und zwölf Monaten.

Worauf sollte man achten?

Deutschland ist eines der wenigen Länder, in denen der Arbeitsplatzerhalt das höhere Gut ist, das in Arbeitsprozessen verhandelt wird. Das bestmögliche Ergebnis vor einem Gericht ist die Rückkehr an den Arbeitsplatz, nicht irgendein Geldbetrag.

Ein Werksleiter musste in diesem Fall Lehrgeld zahlen. Ihm wurde gekündigt, und das ging ihm emotional sehr nahe. Ich erklärte ihm, dass die Chancen für einen Sieg vor Gericht sehr gut stünden und damit für die Rücknahme der Kündigung. Der Richter ließ durchblicken, dass der Arbeitgeber wohl den Prozess verlieren würde. Das Ergebnis würde sein, dass das Unternehmen ihn wieder auf seinem Job installiert.

»Das machen die nie!«, mutmaßte der Gekündigte über seinen Arbeitgeber. Er wollte 500 000 Euro Abfindung haben. Sein Arbeitgeber bot ihm 300 000 an, was er ausschlug. Daraufhin nahm das Unternehmen die Kündigung zurück. Mein Mandant fing vor Freude an zu weinen, es war dramatisch. Nachdem er wieder in der Firma arbeitete, dauerte es einen Tag, bis er sich entnervt und ausgelaugt mit 150 000 Euro abfinden ließ.

Kann da die Personalabteilung nicht als Mittler zwischen Arbeitnehmer und Arbeitgeber fungieren?

Ich höre immer wieder Personaler, die sich als Vermittler bezeichnen. Das ist Käse. Sie vertreten die Interessen des Arbeitgebers. Das ist auch vollkommen in Ordnung. Man muss es nur wissen und sich von nettem Gerede nicht irreleiten lassen. In diesen Situationen kann sich der Betroffene nur auf seinen Anwalt und seinen Lebenspartner verlassen. Und auch das nicht immer, da brauen sich manchmal Katastrophen zusammen ...

Welche?

Oft kommt alles zusammen. Man verliert den Job, und die Ehe geht in die Brüche. Da reicht etwas Unaufmerksamkeit, ein einziger Tag, und man ist gelackmeiert.

Die Abfindung geht nämlich in den ehelichen Zugewinn. Wenn die auf dem Konto und der Partner somit daran beteiligt ist, aber am nächsten Tag zufällig der Scheidungsantrag ins Haus flattert, kann man noch mal finanzielle Abstriche machen. Ich biete deshalb in der Regel an, dass Beratungen mit dem Mandanten und dessen Partner geführt werden.

Manchmal haben Sie auch schwierige Situationen aufgrund unvermuteter Tatsachen. So ging es bei der Verhandlung über eine recht üppige Hinterbliebenenversorgung darum, dass der scheidende Arbeitnehmer nicht wollte, dass man erfuhr, dass er homosexuell ist. Da musste man also ziemlich am Auflösungsvertrag herumdoktern, damit sein Partner im Todesfalle das Geld bekommt, ohne dass deutlich wurde, dass es um seinen Partner ging. Jetzt nehmen solche Fälle ab, die Gesellschaft hat sich zum Glück verändert.

Darf man woanders arbeiten, solange der Arbeitsprozess geführt wird und noch nicht abgeschlossen ist?

Wenn Sie freigestellt sind, können Sie grundsätzlich tätig werden, dürfen aber nicht für einen direkten Wettbewerber arbeiten. Im Zweifelsfall gibt es das Risiko, dass das anderswo verdiente Geld mit Gehaltsansprüchen verrechnet wird, bis die Kündigung greift.

Können sich Arbeitgeber und Arbeitnehmer nach einem Arbeitsprozess noch in die Augen schauen?

Wie man in den Wald ruft, so hallt es heraus. Das gilt für beide Seiten. Je rationaler man an die Trennung geht, desto reibungsloser verläuft diese.

Haben Sie schon mal Mandanten abgelehnt?

In mehr als 20 Jahren ist das sehr selten passiert. Unsere Aufgabe als Anwälte ist es, jedem Schutz und Verteidigung zu geben. In einem Fall konnte ich es aber nicht übers Herz bringen: Den Leiter einer Ausbildungsanstalt, dem gekündigt wurde, weil er Kinder missbraucht hatte, konnte ich einfach nicht verteidigen. Das ist aber zum Glück eine Ausnahme.

Ab wann sollte man einen anwaltlichen Rat bei arbeitsrechtlichen Fragen einholen?

So früh wie möglich.

Ich hatte einen Bankvorstand als Mandanten, für den ich den Arbeitsvertrag ausverhandeln sollte. Er wollte erst unterschreiben, wenn alle Forderungen berücksichtigt waren. Da musste ich mir vom Aufsichtsratsvorsitzenden den Beschluss des Aufsichtsrats zur Bestellung des neuen Vorstands, meines Mandanten, zeigen lassen, um zu wissen, dass der Vertrag auch im Streitfall Bestand haben würde. Das müssen Sie sich aber auch trauen, so knallhart anzutreten, noch bevor Sie einen Arbeitstag im neuen Job verbracht haben.

Empfehlen Sie eine spezielle Rechtsschutzversicherung?

Ja. Für Geschäftsführer, Vorstände und Aufsichtsräte reicht eine normale Rechtsschutzversicherung, die auch das Arbeitsrecht abdeckt, nicht aus.

Anwaltskanzleien genießen nicht den Ruf als gute Arbeitgeber. Was lernen Sie für sich aus all den Arbeitsprozessen und dem Kontakt mit guten und weniger guten Arbeitgebern?

Wir setzen in unserer Kanzlei häufig auf Frauen, die sind in der Regel besser in unserem Metier. Was wir guten Anwältinnen nicht bieten können bzw. wollen, sind die hohen Einstiegsgehälter der großen Kanzleien. Dafür haben wir eine hohe Flexibilität bei der Arbeitszeit. Man kann sehr gut auch von zu Hause arbeiten oder Teilzeitmodelle nutzen. Das Modell der Ausbeutung, das noch in vielen Kanzleien die Erstellung dicker Schriftsätze in Nachtsitzungen forciert, um dem Klienten hohe Stundenzahlen aufzubrummen, läuft aus. Im Übrigen nimmt die Qualität auch im anwaltlichen Beruf nach zehn Stunden Arbeit ab.

Sich im Guten trennen – wie man eine Scheidung als Party inszeniert

- Informieren Sie Ihren Vorgesetzten in einem persönlichen Gespräch.
- Halten Sie im Anschluss die rechtliche Form einer Kündigung ein und wahren Sie Fristen.
- Wenn die Kündigung seitens des Arbeitgebers eingereicht wurde, lassen Sie sich über Ihre rechtlichen und finanziellen Möglichkeiten in diesem Zusammenhang aufklären.
- Bleiben Sie loyal und fair bis zu Ihrem letzten Arbeitstag.
- Verabschieden Sie sich in angemessener Weise von Ihrem Team. Ob Frühstücksbuffet oder schlicht Kaffee und Kuchen, eine nette Geste schadet an dieser Stelle nicht.
- Tauschen Sie E-Mail-Adressen aus und bleiben Sie in Kontakt.

Kapitel 10
Nach dem Umsteigen ist vor dem Umsteigen – welche Fehler man vermeiden sollte und wie man seine berufliche Zufriedenheit nachhaltig sichert

(Jannike)

Damit das Umsteigen ein persönlicher Erfolg für Sie wird und Sie wirklich in einem Job landen, der Sie zufrieden macht, sollten Sie während der Phase, in der Sie sich orientieren, ein paar Fehler vermeiden. Ja, aus Fehlern kann man lernen. Aber nicht jeden Fehler müssen Sie selbst begehen. Manchmal reichen auch die Geschichten von anderen Menschen, die in eine Falle getappt sind, um aus ihnen zu lernen.

Geschichten vom gescheiterten Umsteigen

Lars wollte raus aus seinem Job als Mechaniker und kündigte. Er absolvierte ein Studium und machte sich nach einem kurzen Zwischenstopp in einer Agentur selbstständig als Produktionsplaner. Er hatte zwar mehrere Auftraggeber, aber nur einer von ihnen sicherte ihm seinen Lebensunterhalt. Als dieser Hauptauftraggeber in finanzielle Schwierigkeiten kam, beendete er zuerst die Zusammenarbeit mit allen Freiberuflern. Im zweiten Schritt wurden dann einige der Mitarbeiter entlassen. Für Lars bedeutete das den Wegfall fast aller Einnahmen von heute auf morgen, sodass er schon kurz darauf seine Krankenversicherung nicht mehr zahlen konnte und sie kündigte. Ausgerechnet während dieser Zeit wurde er krank und konnte sich keine Behandlung leisten. Er brauchte deshalb recht lange, um sich zu erholen und aus der Situation wieder herauszukommen. Heute hat er sich ein weiteres Mal neu erfunden und arbeitet zufrieden im Marketing einer Firma. Krankheiten können nur schwer vorausgesagt werden, schwieriger aber auf jeden Fall als Pleiten. Auf je mehr Füße Sie eine Selbstständigkeit stellen, desto besser. Bei nur einem Auftraggeber besteht ohnehin die Gefahr der Scheinselbstständigkeit. Behalten Sie die wirtschaftliche Lage der für Sie wichtigen Auftraggeber im Auge, um sich im Fall der Fälle rechtzeitig nach Alternativen umsehen zu können. Wenn möglich, sorgen Sie für ein finanzielles Polster, sodass der Wegfall eines Auftraggebers für Sie nicht das unmittelbare Aus bedeutet. Und bitte kündigen Sie nie Ihre Krankenversicherung!

Melanie wollte raus aus ihrem Job bei einer staatlichen Institution. Das hohe Arbeitspensum und ein rauer Umgang sowie die bevorstehende Veränderung ihrer konkreten Arbeitsinhalte führten schlussendlich dazu, dass sie kündigte. Sie schaute sich auf dem Arbeitsmarkt nach Alternativen in dem Bereich um, in dem sie inhaltlich arbeiten wollte. Sie bewarb sich schließlich bei einer Nichtregierungsorganisation, die sie auch einstellte. Für den guten Zweck nahm Melanie ein Drittel Gehaltseinbuße in Kauf. Schon nach ein paar Tagen am neuen Arbeitsplatz wurde ihr bewusst, dass sie nicht den besten Tausch gemacht hatte. Die Firmenkultur ließ zu wünschen übrig. Melanie bekam weder die ihr versprochene Verantwortung, noch war ihre Position klar definiert. Im Umgang mit den Kollegen konnte sie sich deswegen nicht klar positionieren. Der Druck, Überstunden zu machen und deutlich mehr als vertraglich vereinbart zu leisten, war hoch. Alles blieb für Melanie beim Alten, nur ihr Gehalt nicht. Wenn man einen Job bei einem neuen Arbeitgeber antritt, kann man sich vorher nie ganz sicher sein, ob er hält, was er auf dem Papier verspricht. Achten Sie während des Kontakts mit dem potenziellen neuen Arbeitgeber auf Ihr Bauchgefühl. Fühlen Sie sich wohl? Wie geht man mit Ihnen um? Passt das Verhalten zu den offiziellen Werten, die die Firma auf ihrer Internetseite anpreist? Lesen Sie dort beispielsweise »Der Mensch steht bei uns im Mittelpunkt, und gegenseitiger Respekt ist uns wichtig«, aber bekommen wochenlang auf Ihre Bewerbung keine Antwort, dann sollten Sie noch einmal genauer hinsehen, bevor Sie sich für diesen Job entscheiden. Haben Sie Bekannte bei dem Unternehmen oder aber Bekannte, die Bekannte bei diesem Unternehmen haben, fragen Sie nach Erfahrungsberichten. So können Sie sich vorab schon einmal ein Bild von der Firma machen, auch davon, wie es hinter den Kulissen aussieht. Mittlerweile gibt es auch Bewertungsportale im Netz wie beispielsweise Kununu, bei denen man sich vorab über einen neuen Arbeitgeber informieren kann. Achtung allerdings bei einfachen Foren: In der Regel melden sich dort nur Menschen zu Wort, die unzufrieden waren und ihrem Arbeitgeber eins auswischen wollen.

Stefanie verabschiedete sich von ihrem Arbeitgeber, nachdem sie von ihren Kollegen gemobbt worden war. Gleichzeitig bot die Firma ihres Mannes ihm eine Position im Ausland an. Das gab ihnen den finanziellen Spielraum dafür, dass Stefanie sich eine Auszeit nahm und ihren Mann begleitete. Die Zeit wollte sie für ihre Orientierung nutzen, denn sie überlegte bereits länger, ob sie aus ihrem Job als Buchhalterin aussteigen sollte. Sie ging zu einer Berufsberatung, um sich über ihre Stärken und Interessen klar zu werden, zu denen sie schon lange den Zugang verloren zu haben glaubte, und sich neue Optionen aufzeigen zu lassen. Für die darauffolgenden Monate hatte sie bereits andere Pläne, als sich auszuprobieren, aber irgendwann kam der Zeitpunkt, an dem sie wieder arbeiten wollte. Sie schaute sich in ihrem Umfeld um und testete einen Job als Sekretärin, weil er ihr angeboten wurde. Anschließend verschickte sie Bewerbungen für Assistenzstellen und versuchte sich schließlich wieder in der Buchhaltung. Auch wenn sich Stefanie in dieser Zeit persönlich weiterentwickelt hat, wirkt sie heute nicht wirklich zufrieden. Doch woran liegt das? Sie hat eine Bestandsaufnahme ihrer Stärken und Interessen gemacht, hat verschiedene Tätigkeiten getestet und kam dennoch wieder in ihrer alten Tätigkeit an. Stefanie hat vieles richtig gemacht, aber etwas fehlte ihr: ein Ziel und ein grober Plan. Wer ziellos in die Umorientierung geht, der kann auch nicht ankommen. Einen vorläufigen Plan zu schreiben ist daher sehr wichtig. Ein Plan und auch ein Ziel sind nicht statisch. Sie können im Laufe des Ausprobierens und des Orientierens immer weiter verfeinert, verändert oder ersetzt werden. Wichtig ist nur, dass Sie sich ein Ziel setzen, auch wenn es noch nicht final ist. Nähern Sie sich Ihrem nächsten erfüllenden Job schrittweise an, aber laufen Sie nicht ziellos los.

Anna ist immer wieder kurz vor der Verzweiflung. Sie hat immer noch nicht ihre Nische gefunden, obwohl sie schon vor zwei Jahren aus ihrem alten Job als Unternehmensberaterin ausgestiegen ist. Sie hatte gekündigt, weil sie sich Tag für Tag schlechter in ihrem Job fühlte und sich ständig fragte, was sie da eigentlich jeden Tag tue. Zuerst hatte sie die Theorie aufgestellt, sie wolle Logopädin werden und eine eigene Praxis aufmachen. Sie machte ein Praktikum, das ihr zwar gefiel, sie aber nicht gänzlich überzeugte. Als Nächstes überlegte Anna, was sie gern in ihrer Freizeit machte. Reiten! Sie absolvierte die Ausbildung zur Reitlehrerin und gab hin und wieder Reitunterricht. Aber richtig fühlte sich das für sie noch nicht an. Schließlich begegnete sie einer Frau, die Coaching für Unternehmen anbot und sie als Assistentin gewinnen wollte. Anna assistierte ihrer neuen

Chefin, meldete sich zur Coaching-Ausbildung an und betreute nach kurzer Zeit bereits eigene Coaching-Kunden. Aber auch das war einfach nicht ihr Ding, sondern das ihrer Chefin. Die Idee reifte in ihr, Workshops in Hotels anzubieten, die Bestandteile von Reiten und Coaching enthielten. Mit der Zeit wurde Anna jedoch ungeduldig. Als sie dann ein Jobangebot von einem Konkurrenten ihres ehemaligen Arbeitgebers erhielt, willigte sie ein. Leider zu früh. Mit ein wenig mehr Geduld und Biss hätte aus ihrer Idee der Angebote für Hotels mehr werden können. Sie hätte womöglich bereits im nächsten Schritt ihren Platz in der Arbeitswelt gefunden. Leider konnte sie das Gefühl, noch nicht angekommen zu sein und in einer gewissen Unsicherheit zu leben, nicht länger aushalten. Haben Sie einen längeren Atem, und machen Sie sich bewusst, dass das Umsteigen bis zu vier Jahre dauern kann!

In eine ähnliche Situation kam **Magdalena**, die ebenfalls gekündigt und sich ausprobiert hatte. Ihr großer Traum war es, selbstständig zu arbeiten. Als die Entscheidung anstand, ob sie es nun auf eigene Faust versuchen sollte, schwenkte sie um und nahm ebenfalls einen Job in einer Festanstellung an. Die Angst vor der Unsicherheit und möglicherweise nicht mehr tragbare finanzielle Verpflichtungen führten sie weg von ihrem Traum. Sie hing nicht wirklich an ihrem Lebensstandard, hatte bereits erste Auftraggeber und würde von den deutschen Ämtern finanziell in der Anfangsphase unterstützt werden. Hätte sie sich einmal ausgerechnet, wie ihre finanzielle Situation wirklich aussah, hätte sie vielleicht gemerkt, dass die Angst nicht berechtigt war. Wenn Sie Ihren Ängsten auf den Grund gehen, werden Sie häufig feststellen, dass sie sich oft relativieren lassen.

Bei **Sören** waren eine schwere Krankheit und eine Kündigung, die ihn trafen, Gründe zum Umsteigen. Er hatte ohnehin die Nase voll von seinem alten Job als Fitnesstrainer. Der Umgangston sowie immer wieder nicht eingehaltene Versprechen seines Chefs hatten ihn ohnehin nicht gerade glücklich gestimmt. Das Krankengeld, das er über eine lange Zeit erhielt, ermöglichte es ihm, sich zuerst in Ruhe umzusehen, bevor er in einen beliebigen Job einstieg. Er hatte viele Ideen, über die er viel redete. Er traf viele Leute, von denen er sich Feedback einholte. Nur sobald es ans Tun ging, wurde es für ihn schwieriger. Alle Ideen blieben in seinen Gedanken und in den Gesprächen stecken und wurden nicht konkreter. Bevor sich irgendetwas ergeben oder etwas klarer werden konnte, hatte er auch schon die nächste Idee, der er sich mit Leidenschaft widmete. Auch ihm fehlte eine Vision, ein eigenes Ziel, sodass er beim ersten Gegenwind von einer Idee abließ. Die Zeit, in der er in seinen Gedanken schwelgte und mit Menschen sprach, summierte sich schnell. Die Zeit der finanziellen Unterstützung lief schneller aus, als er es sich vorgestellt hatte. Heute arbeitet er als Manager eines Sportparks, ohne seine eigenen Ideen umgesetzt zu haben. Nutzen Sie die Zeit, die Sie für Ihren Umstieg haben. Zu Beginn mag Ihnen der Zeitraum schier endlos erscheinen, aber glauben Sie uns, es ist wie mit Urlauben und Wochenenden: Sie sind immer viel zu schnell vorbei. Sollten Sie Ihr Ziel während des Umsteigens aus den Augen verlieren, holen Sie sich Rat von jemanden, wie zum Beispiel von einem Coach oder Mentor (siehe Kapitel 7). Eine andere Perspektive kann oft wieder Klarheit in scheinbar verworrene Situationen bringen.

Manchmal sind es auch die privaten Umstände, die einen beim Umsteigen scheitern lassen. So war es bei **Elena**, die sich innerhalb von Projektarbeiten in unterschiedlichen Kontexten, mit unterschiedlichen Aufgaben bei gleichzeitiger Bezahlung ausprobierte. Das mehrjährige Singledasein nach einer gescheiterten Beziehung machte sie unzufrieden. Das erschwerte es ihr, sich beruflich festzulegen, da sie die Unzufriedenheit über ihren Beziehungsstatus auf die Jobs übertrug. Befinden Sie sich in einer solchen Situation, sollten Sie besonders sensibel beim Umsteigen sein und sich selbst hinterfragen. Konzentrieren Sie sich auf den Job, und analysieren Sie, wann Sie im Flow waren, welche Tätigkeiten und Themen Sie immer wieder anziehen. Stimmen Sie Ihr weiteres Vorgehen Stück für Stück auf Ihre Erkenntnisse ab. Wenn Sie aus dem Stimmungstief nicht herauskommen, das Ihnen Ihre Beziehungs- oder sonstigen Probleme bereiten, suchen Sie sich Unterstützung. Auch ein Coaching kann Klarheit bringen, woher die eigene Unzufriedenheit kommt und ob ein neuer Job eine gute Lösung sein könnte.

Auch wichtig zu wissen

Wir alle tragen in uns viele Facetten, und unsere Persönlichkeit ist komplex. Die Arbeitswelt ist wie unser Leben nicht statisch. Deswegen kann es in einigen Fällen sein, dass Sie in einen Sie erfüllenden Job umsteigen und nach ein paar Jahren wieder den Drang nach Veränderung spüren. Wenn Sie Ihr berufliches Dasein in vollen Zügen ausgekostet haben, können Sie sich wieder auf die Reise begeben und eine neue Heimat finden. Das ist vollkommen in Ordnung. Vielleicht gestalten Sie Ihre neue Karriere aber auch als Portfolio. Im Portfolio kombinieren Sie mehrere Jobs und Tätigkeiten miteinander, abgestimmt auf Ihre Bedürfnisse. Sie können beispielsweise einen Teilzeitjob, der Ihnen ein festes Einkommen bringt, mit einer nebenberuflichen Selbstständigkeit in zwei verschiedenen Tätigkeitsfeldern kombinieren. Sowohl Emilio als auch Jannike organisieren ihre Arbeit im Portfolio. Während Emilio als Autor, Mentor und Coach, Aufsichtsrat und Beirat, Universitätsdozent und Berater für das Topmanagement tätig ist, arbeitet Jannike als Bloggerin, Autorin, Coach und Jobtesterin. Die Vorteile einer Portfolio-Karriere liegen auf der Hand: viel Abwechslung und die Möglichkeit, verschiedene Bedürfnisse nebeneinander zu befriedigen. Außerdem können Sie die Bestandteile Ihres Portfolios Stück für Stück weiterentwickeln.

Die zehn Fehler, die man vermeiden sollte

- Aufgeben. Sollte man immer vermeiden.
- Das Umsteigen abkürzen wollen. Man kommt nicht dort an, wo man ankommen könnte.
- An Altem festhalten. Das kann auch das Festhalten des Bekanntenkreises beinhalten, aus dem man sich einfach heraus entwickelt hat. Wahre Freunde wird man nie verlieren.
- Keinen Plan und kein Ziel haben.
- Zu starr an einem Plan oder Ziel festhalten, wenn man beim Ausprobieren merkt: Das passt noch nicht ganz.
- Die Krankenversicherung kündigen.
- Freie Zeit vertrödeln.
- Probleme miteinander verwechseln.
- Alles mit sich selbst ausmachen. Holen Sie sich Rat und Beistand.
- Die Hoffnung verlieren. Es gibt ihn, den erfüllenden Job. Auch für Sie!

Auch das vermeintliche Scheitern Ihres Plans kann in der Phase der Umorientierung als Stück des Weges dazugehören. Wichtig ist, zu erkennen, wo es hakt, und dann weiterzugehen. Vielleicht haben Sie den Weg unterschätzt. Vielleicht war aber auch das Ziel noch nicht das richtige … Bleiben Sie dran, bleiben Sie achtsam und reflektiert.

Wahres Glück

Und ganz am Ende steht dann noch die Frage nach dem Glück. Was ist wahres Glück, wie erreicht und erhält man es? Und was hat das mit Umsteigen zu tun?

Mittlerweile gibt es an der Harvard University einen Lehrstuhl für Glücksforschung. Das, wonach Philosophen, Dichter und Wissenschaftler seit jeher gesucht haben, kann man heute immerhin so artikulieren, dass jeder sich zumindest die richtigen Fragen stellen kann. Die Antworten auf diese Fragen können einen glücklicher machen. Dafür ist es aber wichtig, zwischendurch immer wieder innezuhalten und zu reflektieren.

Interview mit Tal Ben-Shahar, Harvard-Professor für Glücksforschung

1970 in Israel geboren, hat Tal Ben-Shahar, der sein Psychologie-Studium bis zur Promotion in Harvard absolvierte, mehrere weltweite Bestseller auf Basis seiner Forschung über das Glück geschrieben und das Fach in vollen Hörsälen in Harvard gelehrt. 2011 hat er mit Angus Ridgway Potentialife gegründet, ein Unternehmen, das Firmen in Fragen der Führung berät. Mit ihm reden wir über das Glück im Berufsleben.

Was macht ein glückliches Berufsleben aus?

Ein Leben, das voller Bedeutsamkeit und Sinn ist. Erstens, zu versuchen, Bedeutung in der Arbeit zu finden, einen Unterschied in der Welt zu machen. Zweitens, Sinn in der Interaktion mit Kollegen in der täglichen Arbeit zu finden, in der täglichen Erfahrung, sich kompetent zu fühlen und Interesse zu haben an dem, was man tut.

Kann man mit seiner Arbeit unglücklich und trotzdem glücklich mit seinem Leben sein?

Es ist schwierig, aber möglich: Wir können die glücklichen Momente in die weniger glücklichen »duchsickern« lassen. Wenn wir ein oder zwei Stunden privaten Glücks am Tag haben, können wir generell glücklicher sein. Ich sage gern, dass Unglück Dunkelheit ist. Schon eine kleine Kerze bringt etwas Licht in den dunklen Raum.

Martin Seligman unterscheidet zwischen Jobs, die man macht, um zu überleben, einer Karriere, die man einschlägt, um einen bestimmten Job zu erreichen, und dem Job, den man auch machen würde, wenn man nicht bezahlt würde. Kann man in all diesen Kategorien glücklich sein?

Es ist möglich, in den meisten Arbeitssituationen glücklich zu sein. Selbst in den alltäglichsten Tätigkeiten kann man Bedeutung und Freude finden, die zu Licht in der Dunkelheit führen.

Welchen Anteil am Gesamtglück hat die Bedeutung von Glück im Arbeitsleben?

Heute ist das Jobglück im Durchschnitt wichtiger als in der Vergangenheit. Es geht nicht mehr nur darum, Geld zu verdienen. Die Menschen klettern in der Maslow-Pyramide höher, von den grundlegenderen Bedürfnissen des Überlebens hin zur Selbstverwirklichung [Illustration der Maslow-Pyramyde, siehe Ende des Interviews]. Bei der Arbeit geht es auch um Beziehungen, Selbstwertgefühl und Selbstverwirklichung. Sie ist daher ein zentralerer Teil des Glücks geworden. Für manche ist die Arbeit wichtiger als für andere. Es hängt wirklich davon ab, wo sich Menschen auf der Maslow-Pyramide befinden. Für mich ist Arbeit ein zentraler Teil meines Glücks. Für einen engen Freund von mir ist sie wichtig, aber nicht zentral.

Was halten Sie von dem Begriff »Work-Life-Balance«?

Dieser Begriff spricht mich nicht an. Was ist, wenn ich ins Kino gehe, um einen Film zu sehen? Ich könnte Ideen und Inspiration für meine Arbeit bekommen, wenn ich ihn mir Die Unterscheidung zwischen Arbeit und Leben ist nicht wirklich notwendig. Eine hilfreichere Unterscheidung ist zwischen Arbeit und Ruhe und Erholung. Tony Schwartz schrieb ein Buch (»The Power of Full Engagement«), in dem er über die Bedeutung der Erholung spricht. Stress kann gut für Sie sein. Aber Sie brauchen Zeit für die Erholung, die wir uns zu wenig nehmen. Dies kann eine kurze Pause sein, wie ein Treffen mit Freunden, eine mittlere Pause, wie eine gute Nachtruhe, oder es kann eine längere Erholung wie zum Beispiel ein Urlaub sein. Sie müssen die richtige Menge an Erholung für sich selbst finden.

Wie ist die Beziehung zwischen Motivation und Glück?

Motivation kann aus verschiedenen Quellen kommen, kann intrinsisch oder extrinsisch sein, kann aus Angst oder Freude kommen. Intrinsische Motivation ist mit Glück verbunden. Manche nennen es Flow. Sie sind dann sehr engagiert. Dies ist die nachhaltigste Variante von Motivation und die dem Glück am nächsten kommende. Geld schafft keine loyale Beziehung zu einem Arbeitgeber. Angst auch nicht.

Kann ich Glück halten, es nachhaltig machen?

Machen Sie Ihr Glück abhängig von intrinsischer Motivation.

Es gibt also etwas wie »nachhaltiges Glück«, das es einem ermöglicht, Tragödien, Misserfolge und Rückschläge zu bewältigen?

Konstant Hochgefühle zu erleben, ist unmöglich. Jeder hat Schwierigkeiten und Tiefen. Negative Gefühle können Sie aus Ihrem Leben nicht ausschließen. Die Frage ist, wie Sie belastbar, resilient werden. Resilienz ist unser psychologisches Immunsystem, wenn Sie so wollen. Ein starkes Immunsystem bedeutet nicht, dass Sie nicht krank werden. Es bedeutet, dass Sie seltener krank werden, sich schneller erholen und – über einen längeren Zeitraum gesehen – weniger leiden.

Würden Sie sagen, dass es kulturelle Unterschiede in der Einstellung zum Glück gibt?

Ja und nein. Manche Kulturen sind offener gegenüber Gefühlen, andere weniger. Aber insgesamt sind die Ähnlichkeiten größer als die Unterschiede. Über alle Kulturen hinweg können wir Gemeinsamkeiten beobachten: Wir alle suchen nach Sinn, menschlichen Bindungen, Beziehungen. Wir streben nach Freude und versuchen, schlechte Gefühle zu meiden.

Was können wir von Bhutan, dem Land, das das Bruttonationalglück geschaffen hat, lernen?

Das Bruttoinlandsprodukt zu messen und Noten in der Schule zu vergeben ist wichtig, aber es ist nicht genug. Also sollten wir nicht aufhören den sogenannten harten Wirtschaftsfaktor zu messen, aber wir sollten unsere Neugier ausweiten. Es ist wichtig, auch das Glück zu messen. Glück und wirtschaftlicher Erfolg sollten beide auf nationaler und individueller Ebene gemessen werden. Wir müssen unser System nicht aufgeben. Aber wir sollten andere weiche Faktoren hinzufügen.

Haben Menschen Anspruch auf Glück? Oder ist es nur ein Teil unserer westlichen Kultur?

Als Ich mit meiner Familie die Abteilung »Antikes Ägypten« im Metropolitan Museum of Art besuchte, fiel uns auf, dass die meisten Dinge dort von einer Besessenheit vom Tod getrieben waren. Die Pyramiden wurden gebaut, um den Übergang der Pharaonen vom Leben ins Jenseits zu erleichtern. In Kunst und Literatur ging es darum, nicht zu sterben oder das ewige Leben zu genießen.

Im heutigen Leben sind wir eher vom Glück besessen. Ich bin mir nicht sicher, ob das eine gute Sache ist. Dies liegt auch an den Definitionen von Glück, die fehlerhaft sind: Glück bedeutet nicht, ständig »Hochs« und nur Vergnügen und Leichtigkeit zu haben. Wahres Glück kann keine Obsession sein, es geht darum, nach Sinn und Bedeutung zu suchen, sich mit Menschen zu verbinden, zu wachsen und sich zu entwickeln. Glück erfordert eine ganzheitliche Sicht auf das Leben und die Menschlichkeit.

Wie würden Sie Glück definieren, nachdem Sie mehr als ein Jahr damit verbracht haben, weiter zu diesem Thema zu forschen?

Die aus meiner Sicht nützlichste Definition stützt sich auf die Worte von Helen Keller. Sie schrieb: »Für mich ist die einzige Definition von Glück Ganzheit.« Von Keller inspiriert, definiere ich Glück als »die Erfahrung des Wohlergehens des ganzen Menschen Es geht um »die Erfahrung des ganzen Wesens«. Ich führe eine

Die Pyramide von Abraham Maslow

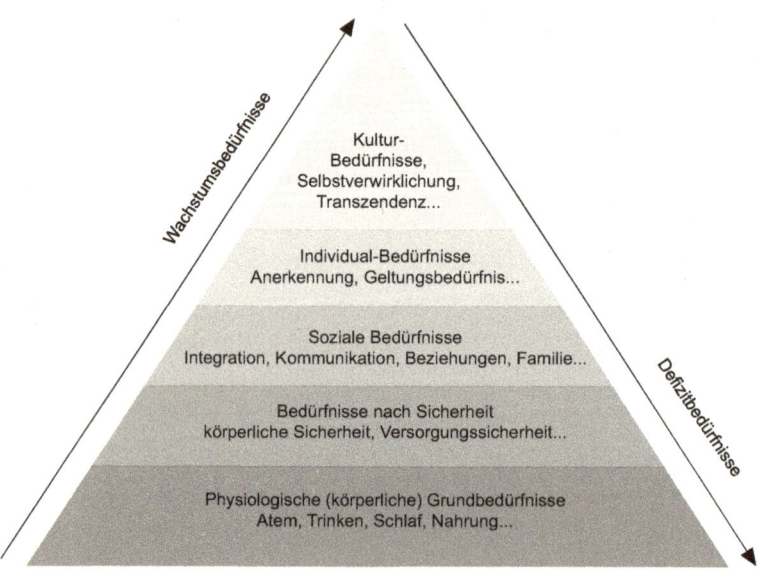

Definition nicht ein, um alle anderen existierenden Definitionen zu ersetzen. Ich habe weder das Verlangen noch die Notwendigkeit, mit denen, die das Glück anders definieren, in Streit zu geraten. Nach meiner Auffassung besteht der Zweck einer Definition darin, das Konzept so zu operationalisieren, dass es für ein volles und erfülltes Leben genutzt werden kann. Über diese Definition hinaus besteht die Notwendigkeit, den Begriff des ganzen Wesens weiter aufzuschlüsseln, indem das Wohlergehen von Individuen, Gruppen und Gesellschaft über die fünf Elemente betrachtet wird, die zusammen die ganze Person ausmachen. Diese fünf Elemente sind: Spirituelles Wohlbefinden, körperliches Wohlbefinden, intellektuelles Wohlbefinden, Wohlbefinden in den Beziehungen und schließlich emotionales Wohlbefinden. Noch einmal, dies sind keine universellen und absoluten Wahrheiten, vielmehr erweisen sich die fünf Elemente als nützliche und pragmatische Konstrukte.

Schlusswort

Ein gutes, erfüllendes Berufsleben ist jedem möglich, der das will. Das weiß derjenige von uns beiden, der fast 60 Jahre alt ist, wie auch diejenige, die erst am Anfang ihrer Dreißiger steht. Das gilt für Mann und Frau, für Jung und Alt, für Akademiker und Nichtakademiker. Wir beide haben keinerlei Zweifel: Jeder hat die Chance, aus dem Hamsterrad auszusteigen und einer Arbeit nachzugehen, die Spaß macht und motiviert.

Für dieses Buch haben wir mit vielen Menschen gesprochen, auch vor der Recherche hatten wir beide in unseren beruflichen und privaten Begegnungen Hunderte kennengelernt, auf die zutrifft: Sie lieben ihre Arbeit und gehen darin auf.

Natürlich kann es Menschen geben, die *nicht* aus dem Hamsterrad aussteigen können, Menschen, die meinen, dass sie *nie* in irgendeinem Job aufgehen werden, Menschen, die ihre Arbeit ungern machen und sich damit abfinden.

Natürlich gibt es keine Garantie, dass Sie ein erfülltes Berufsleben haben, wenn Sie sich an die Anregungen in diesem Buch halten. Vielleicht können wir aber den einen oder anderen Skeptiker mit der Frage konfrontieren: Wenn Sie im Hamsterrad stecken, aber nicht glauben, dass Sie je da rauskommen, was machen Sie dann? Hier ein paar gängige Optionen:

Klagen.

Sich bedauern.

Sich bemitleiden.

Anderen die Schuld für alles geben.

Eine Protestpartei wählen.

Sich die Kante geben.

Was wir bieten, ist eine Alternative zu obigen Beschäftigungen. Wir sind davon überzeugt, dass unsere Alternative besser für Sie und Ihr persönliches Umfeld ist.

Für all diejenigen, die nicht im Selbstmitleid versinken möchten, ein paar ermutigende Thesen zum Ende:

Ein gutes Berufsleben ist kein hoffnungsloser Traum, Sie können es schaffen. Sie sollten es einfach ausprobieren.

Sie brauchen jetzt nichts weiter, um Ihren Umstieg zu beginnen. Auch kein Alibi.

Wenn Sie das Buch bis hierher gelesen hat, können Sie schon loslegen.

Das *Suchen* nach mehr beruflichem Glück macht Spaß, motiviert, reißt mit. Denn bei der Suche lernen Sie sich besser kennen, Sie finden neue Seiten an sich, die Ihnen damit viel mehr Optionen eröffnen als Ihnen Berufsberater, Personaler und Headhunter suggerieren. Denn sich besser zu kennen und sich auszuprobieren macht freier und zeigt Ihnen Alternativen auf, die Sie allein am Schreibtisch nicht austüfteln können.

Also auf! Vielleicht mit einem Spaziergang oder zwei Terminen in Ihrem Hamsterrad-Kalender: »Sonntag, 9–11 Uhr: Termin mit mir selbst zum Thema Anfang meines neuen Berufslebens.«

»Montag, 19 Uhr: Termin mit dem intelligenten Bekannten, der einen Umstieg hinter sich hat, zum Thema: Was hältst er von meiner Idee?«

Nehmen Sie Ihr Herz in die Hand. Wir haben so viele unterschiedliche Menschen kennengelernt, die es geschafft haben, mit vollkommen unterschiedlichen Talenten und Ideen. Warum sollten *gerade Sie* es nicht auch schaffen?

Jannike Stöhr, Emilio Galli Zugaro, im April, 2018

Danksagung

An vielen Stellen haben wir sehr persönliche Geschichten leicht verändert, um die Protagonisten nicht für ihr Umfeld erkennbar zu machen. Das sind nicht wenige in diesem Buch. Allen danken wir, dass sie uns ihre Geschichten des Umsteigens anvertraut haben, denn sie helfen, den Leserinnen und Lesern Mut zu machen.

Emilio dankt Anne Scoular, Nancy Glynn, Carol Kaufmann, Ann Orton, Claudia Danser, Ariane von Boch und Christian Greiser, alle großartige Business Coaches, stetige Quellen des Wissens um die Ängste der Menschen im Berufsleben und großartiger Lösungsansätze, die sich durch kluges Fragen ergeben. Die besten Antworten haben die Suchenden nach erfülltem Berufsleben selber, oft wissen sie es nur nicht. Der Austausch mit euch ist Kern meines beruflichen Glücks.

Filippo Muzi Falconi und sein Methodos Team in Italien und Deutschland sind in ihrer Arbeit unzähligen Menschen begegnet, die Veränderungsprozesse bei ihrem Arbeitgeber für eine Neuerfindung ihres Berufslebens genutzt haben. Einige sind Teil dieses Buches.

Personalberater wie Gabi Kaminski, Osvaldo Danzi, Christina Virzi, Hans Thoenes, Klaus Ewerth, Caspar von Blomberg, Stefan Reckhenrich, Jacqueline Bauernfeind und John Mengers haben gegen unsere Thesen »getreten«, aber auch aufmerksam zugehört und kluge Vorschläge gemacht.

Die Dozenten und Trainer der Orvieto Academy lassen keine Gelegenheit aus, über das glückliche Berufsleben zu reflektieren. Mein Dank geht deshalb an Tina Glasl, Stefan Hunstein, Gerd Leipold, Björn Edlund, Cornelia Kunze, Ingo Hock, Ulrich Bauhofer, Vanni Landi, Katja Schleicher, Elisabeth Ramelsberger, Heike Zillgener, Stefan Kermas, Sonia Allinson-Penny.

Viele Freunde und Weggefährten haben großzügig Tipps, Erfahrungen und Beispiele mit mir ausgetauscht. Danke Gabriele Fischer, Caroline Seifert, Ann-Kristin Achleitner, Coco und Marco Wohlfart, Marco und Christine Janezic, Rafael de Cardenas, Heike Kummer und Hans Peter Martin, Christian Finckh und Andrea Taubenböck, Rainer Luick, Gerd-Wolfgang Hintz, Joachim Faber, Daniel Bahr, David Waller, Giulietta Tibone, Riccardo Orizio, Oda Heistert, Ashraf El-Sharkawy, Claudia Reichmuth, Viktoria Kranz, John Curtis.

Der größte Dank: Zuerst meiner ganzen Familie, insbesondere meinen Töchtern Clementina und Fiammetta, deren Mutter Lucia, meinem Bruder Fabrizio und meiner Frau Heidi danke ich für die Unbarmherzigkeit familiären Feedbacks.

Bettina Traub von unserem Verlag hat uns kompetent und feinfühlig begleitet und nie mit den Augen gerollt, das rechne ich ihr hoch an. Und dank Hanna Leitgeb wurde aus unserer Buchidee ein Buchprojek.

Claudia Strasser: Danke für deine Recherchen, deine redaktionelle Unterstützung, deine Hingabe aus China und Franken gleichermaßen. Du warst unser Sicherheitsnetz.

Unser Dank geht an Herminia Ibarra, Professorin am INSEAD und Absolventin des Meyler Campbell Business Coach Programms, deren wegweisendes Buch »Working Identity« der Leuchtturm war, an dem wir uns beim Schreiben orientiert haben.

Last, but definitely not least: Jannike, wir hatten uns das Versprechen gegeben, gemeinsam ein Buch zu schreiben. Wir haben es in einem Jahr umgesetzt. Mit dir zu arbeiten war durchweg eine Wonne und hat mir wunderbaren Flow geschenkt. Die Arbeit mit dir ist Teil meines erfüllten Arbeitslebens.

Jannike schließt sich Emilios Dank, insbesondere an Claudia Strasser, Hanna Leitgeb, Bettina Traub, Marco und Christine Janezic, Herminia Ibarra und Gabriele Fischer an. Ebenso dankt sie Walter Schönauer für die schöne Umschlaggestaltung sowie Juliane Schindler für gute Ideen und gute Kontakte.

Einen wesentlichen Anteil am Buch hatten in Brainpools, Interviews oder Korrekturschleifen: Friederike Land, Christoph Görtz, Kristian Gründling, Florian Reiter, Patrick Baumann, Susanne Ransweiler, Ingo Nommsen, Nicole Srock.Stanley und Tal Ben-Shahar.

Ein besonderer Dank gilt dabei den sechs klugen, starken sowie schönen Frauen: Florina Speth, Lydia Schültken, Sabine Kluge, Hannah Grethlein, Christiane Bertolini und Marion King. Ihr seid eine Wucht und mir immer wieder Inspiration.

Für meine bereichernde Zeit an der D School für Design Thinking bedanke ich mich stellvertretend bei Claudia Nicolai und Ulrich Weinberg. Und bei Jana Bäuerlen von der Universität zu Köln für die Starthilfe und Impulse für meine Workshop-Reihe.

Meinen Freunden, Begleitern und Gesprächspartnern danke ich für ihr allzeit offenes Ohr, für wunderbaren Austausch und ihre Ideen von Beruf und Berufung. Dazu zählen Philipp Neuhaus, Annabel Bothe, Alisa Gühlstorf, Sara Brümmer, Imke Bittner, Julia Andorfer, Sina Stang, Nick Briesenick, Thorsten Falk, Gerlinde Lamberty, Florine Lindner und Daniela Künne.

Meiner Mutter Gabriele und meinen Geschwistern Johannes, Claas-Lennard und Daje danke ich für die fortwährende Unterstützung und den Halt, den ihr mir gebt. Danke für ein zweites Zuhause an Cornelia, Lars, Nils sowie Maren Timmermann, die immer ein Teil davon sein wird.

Nicht zuletzt geht mein Dank an Heidi und Emilio Galli Zugaro. Ohne Heidis entscheidendem Hinweis hätte ich Emilio niemals kennengelernt. Danke dir dafür sowie das Rücken freihalten während der Konzeptions- und Schreibphase. Emilio, du und deine verrückten Ideen, denen du Taten folgen lässt! Du stärkst mir den Rücken, inspirierst mich und machst mir Mut. Danke für die fabelhafte Zusammenarbeit und deine übermäßige Großzügigkeit.

Anmerkungen

1 Kahneman, Daniel: Schnelles Denken, langsames Denken. München 2012
2 Amy Cuddy, TED Talk: https://www.youtube.com/watch?v=Ks-_Mh1QhMc
3 Hepp, Gerd F.: Bildungspolitik in Deutschland. Wiesbaden 2011
   Klein, Hans Peter: Vom Streifenhörnchen zum Nadelstreifen. Das deutsche Bildungswesen im Kompetenztaumel. Springe 2016
   vbW Vereinigung der Bayerischen Wirtschaft: Bildung 2030 – veränderte Welt. Fragen an die Bildungspolitik – Gutachten 2017 unter: https://www.waxmann. com/waxmann-buecher/?no_cache=1&tx_p2waxmann_ pi2%5Bbuch%5D=BUC125212&tx_p2waxmann_pi2%5Baction%5D=show&tx_ p2waxmann_pi2%5Bcontroller%5D=Buch&cHash=2e225815b526491928a8e 725d2a8a3d0
4 Seligman, Martin: Authentic Happiness. Using the New Positive Psychology to Realize your Potential for Lasting Fulfilment. S. 177 ff. New York
5 Ibarra, Herminia: Working Identity. Unconventional Strategies for Reinventing Your Career, S. 1, Harvard 2004
6 Hillman James: Charakter und Bestimmung. Eine Entdeckungsreise zum individuellen Sinn des Lebens. München 2002
7 Ibidem, S. 22
8 Ibidem, S. 25
9 Bibliografie Daniel Pink:
   To Sell is Human. The Surprising Truth About Moving Others. 2012
   Drive:.The Surprising Truth About What Motivates Us. 2009
   The Adventures of Johnny Bunko. The Last Career Guide You'll Ever Need. 2008
   A Whole New Mind: Why Right-Brainers Will Rule the Future. 2005
   Free Agent Nation: The Future of Working for Yourself. 2001
   unter: http://www.danpink.com/about/
10 Realise2 unter: https://realise2.cappeu.com/4/login_public.asp.
11 Bibliografie Mihaly Csikszentmihalyi:
   »Moral creativity and creative morality.« In: The Ethics of Creativity. Mit Qin Li, herausgegeben von Moran, S., Cropley, D. und Kaufman, J. C. S. 75–91. New York 2014
   »Attentional involvement and intrinsic motivation.« mit Sami Abuhamdeh 2012
   Applied Positive Psychology. Improving Everyday Life, Health, Schools, Work, and Society, Donaldson, S.I., Csikszentmihalyi, M. und Nakamura, J. (Herausgeber), London 2011

Good Business: Leadership, Flow, and the Making of Meaning. Mit Gardner, H., und Damon, W. New York 2002

Creativity. Flow and the Psychology of Discovery and Invention. New York 1996

Flow: The Psychology of Optimal Experience. New York 1990

Ausgewählte Publikationen unter: https://www.cgu.edu/people/mihaly-csikszentmihalyi/ und https://www.verywell.com/mihaly-csikszentmihalyi-biography-2795517

12 Csikszentmihalyi, Mihaly: Flow. The Psychology of optimal Experience. New York 1990

Britton, Kathryn: Flowing together, unter: http://positivepsychologynews.com/news/kathryn-britton/200809071013

13 Kotler, Steven: The Science of Peak Human Performance, unter: http://time.com/56809/the-science-of-peak-human-performance/

14 Smothermon, Ron: Winning through Enlightenment. San Francisco 1980

15 https://www.gallupstrengthscenter.com/Home/de-DE/Index/

16 Goertzel, Victor; Goertzel, Mildred George: Cradles of Eminence. Boston 1962

17 Pausch, Randy mit Zaslow, Jeffrey: Last Lecture. Die Lehren meines Lebens. München 2008 (unter: http://www.wikiwand.com/de/Randy_Pausch) alternativ online unter: https://www.cs.cmu.edu/~pausch/Randy/German TranslationPauschLastLecture.pdf

18 Whitmore, John: Coaching for Performance. S. 74. London, Boston 2009

19 Bibliografie Seligman Martin E.P

Flourish. New York 2011

Positive psychology progress. Empirical validation of interventions. Steen, P., Park, N. und Peterson, C. 2005

Character strengths and virtues. A handbook and classification. Mit Peterson, Christopher. Washington 2004

Authentic Happiness. Using the New Positive Psychology to Realize Your Potential for Lasting Fulfilment. New York 2002

Learned Optimism. How to Change Your Mind and Your Life. New York 1991

20 Ibarra, Herminia: Levels of Career Decision Criteria. S. 83

21 Ibarra, Herminia: Working Identity. Unconventional Strategies for Reinventing your Career. S. 113, Harvard 2004

22 BMFSFJ – Bundesministerium für Familie, Senioren, Frauen und Jugend, unter: http://www.psychologie.uni-heidelberg.de/ae/abo/wlb/ausgangslage.html.

23 Kaye, Beverly; Jordan-Evans, Sharon: Lov'em or Los'em. Getting Good people to Stay. San Francisco 2008

24 Gallup: State of the American Manager. Analytics and Advice for Leaders. S. 18, 2015

25 Galli Zugaro, Emilio; Galli Zugaro, Clementina: The Listening Leader. How to drive performance by using communicative leadership. London 2017

26 Abbildung aus Ibidem. S. 163 f., London 2017

27 John Stepper, TED Talk: https://www.youtube.com/
watch?v=XpjNl3Z10uc&t=235s

28 Damasio, Antonio: Descartes' Error. Emotion, Reason and the Human Brain.
New York 1995

29 Hirschhausen, Eckart von: Das Pinguin-Prinzip, unter: https://www.youtube.
com/watch?v=Az7lJfNiSAs

30 Jiang, Jia: Wie ich meine Angst vor Zurückweisung überwand und unbesiegbar
wurde. München 2016, unter:https://www.ted.com/talks/jia_jiang_what_i_
learned_from_100_days_of_rejection?language=de

31 Granovetter, Mark S.: The Strength of Weak Ties. American Journal of Sociology.
S: 78, n. 6 (1973); 1360-1380
Granovetter, Mark S.: Getting a Job: A Study of Contacts and Careers. Chicago
1995

32 Bolles, Richard: Durchstarten zum Traumjob. S. 90, Frankfurt 2012

33 unter http://wirtschaftslexikon.gabler.de/Definition/mentoring.html

34 Heinzl, Karin unter http://mentorme-ngo.org
Anna+Cie: http://www.anna-cie.de/home/program

35 unter: https://www.coaching-report.de/definition-coaching.html

36 unter: https://www.diekarrieremacher.de/was-ist-der-unterschied-zwischen-
coaching-und-mentoring/

37 Das Auslagern von bisher in einem Unternehmen selbst erbrachten Leistungen
auf eine große Anzahl von Menschen über das Internet.
unter https://www.duden.de/rechtschreibung/Crowdsourcing

38 Eine Erfolgsgruppe ist eine Gruppe von ausgewählten Menschen, die sich nach
klar definiertem Ablauf und von allen gemeinsam festgelegten Terminen und
Spielregeln regelmäßig trifft, um sich gegenseitig bei der Erreichung ihrer Ziele zu
unterstützen. Das Motto heißt: »Gemeinsamkeit macht stark«.
unter http://www.mk-lebensarbeit.de/wp-content/uploads/2016/03/MK-
Lebensarbeit-Erfolgsgruppe-Buchauszug.pdf

39 Slack führt die gesamte Kommunikation eines Teams zusammen, sodass alle
einen gemeinsamen Workspace haben, in dem Unterhaltungen organisiert und
zugänglich sind. unter: https://slack.com/intl/de-de/features

40 Boomerang-Mitarbeiter: Mitarbeiter, die das Unternehmen verlassen und zu
einem späteren Zeitpunkt wieder zurückkehren, unter: https://workbright.com/
blog/hr-vocabulary-boomerang-employee/

41 Ist eine Rekrutierungsmethode, die Mitarbeiter ermutigt und belohnt, welche
geeignete neue Mitarbeiter einbringen, unter: http://www.businessdictionary.
com/definition/employee-referral-program.html